输配电线路
高处作业装备应用指南

国网宁夏电力有限公司　编

中国电力出版社
CHINA ELECTRIC POWER PRESS

内 容 提 要

为了杜绝高处作业各项生产事故的发生，了解和掌握高处作业的基本原则和要求，充分利用和发挥现有高处作业基本防护器材的作用，合理地进行防坠落装置的布置和配置，探索创新新型安全高效的防坠落措施。本书结合最新的高处作业安全防护理念、方法、设备，对输配电线路高处作业安全措施进行了全面、系统的介绍。

本书共分八章，主要内容包括高处作业基本知识、高处作业个体防护装备、登高工器具、杆塔防坠落装置、高处作业防坠落措施、输电线路常用绳结打法、地面作业技术替代高处作业方案、高处作业典型违章分析。

本书可供从事输配电高处作业人员、其他行业高处作业人员使用，也可供相关管理人员参考。

图书在版编目（CIP）数据

输配电线路高处作业装备应用指南/国网宁夏电力有限公司编. —北京：中国电力出版社，2019.12

ISBN 978-7-5198-4592-6

Ⅰ. ①输… Ⅱ. ①国… Ⅲ. ①输配电线路－高空作业－工艺装备 Ⅳ. ①TM726

中国版本图书馆 CIP 数据核字（2020）第 065554 号

出版发行：中国电力出版社
地　　址：北京市东城区北京站西街 19 号（邮政编码 100005）
网　　址：http://www.cepp.sgcc.com.cn
责任编辑：马淑范（010-63412397）
责任校对：黄　蓓　马　宁
装帧设计：赵姗姗
责任印制：杨晓东

印　　刷：北京博图彩色印刷有限公司
版　　次：2019 年 12 月第一版
印　　次：2019 年 12 月北京第一次印刷
开　　本：880 毫米×1230 毫米　32 开本
印　　张：5.5
字　　数：147 千字
印　　数：0001—4000 册
定　　价：26.00 元

本书编委会

主　任　马士林

副主任　季宏亮　贺　文　贺　波

编　委　黄富才　何志强　宋永强　黎　炜

杨春明　陈　泓　李建军

主　编　黄富才

副主编　李　放　何志强　杨佳睿　张东山

王宁国

参　编　楼　峰　韩相锋　吴建宁　汪希增

贺志华　陈　明　朱俊宇　万　华

杨剑锋　薛玉龙　严南征　蒋超伟

拜建仁　郑　仟　弋立平　张韶华

陈盛君　张　亮　闫　欢　马玉慧

解志新　郝宗良　王海涛　毛吉贵

周　鹏　张春虎　拓守辉　侯拥军

高小奇　李培琰　赵柏涛

序

党的十八大以来，党中央国务院把安全摆在前所未有的高度，习近平总书记指出“要牢固树立安全发展理念，始终把人民群众生命安全放在第一位，牢牢树立发展决不能以牺牲人的生命为代价观念，这必须作为一条不可逾越的红线。”企业发展必须始终坚持以人为本、生命至上、安全第一，把安全作为发展的前提、基础和保障。

电力安全生产过程中，高处坠落事故的发生率最高、危险性极大。在输配电线路登高作业现场，登高人员缺少安全防护措施、作业移位失去安全保护等现象长期普遍存在，既有安全管理不到位、作业人员安全意识淡薄的问题，也有防高处坠落安全防护技术措施不完善、设施和工器具不好用的原因。

国网宁夏电力有限公司以标准化建设为抓手，以管控人身风险为要点，深入开展输配电高处作业安全防护装置和安全工器具研究，结合现场实际研制防坠脚钉、可拆卸高通过性防坠自锁器等四类13项新型防坠落装置，强化作业现场安全管控。同时积极推动将防坠脚钉纳入杆塔主体典型设计方案，从规划设计、工程建设、运维检修等过程做好推广应用，加强源端管控，落实防高坠措施，提升本质安全水平。

马士林

前 言

安全生产是电力企业永恒的主题，也是一切工作的前提和基础。一直以来，“安全第一、预防为主、综合治理”是保障电力系统安全稳定运行的重要方针。在安全生产管理实践中，不断加强安全技术应用，努力实现安全技术革新，是安全生产管理的基石。

本书编写人员由从事输电线路检修、施工作业的专家组成。书中根据输电线路施工（检修）特性，结合作业现场实际情况，全面总结了输电专业防止高空坠落的各项方法、手段，具有真实性和可操作性。全书共分八章，第一章是高处作业基本理论知识概述；第二～五章介绍了输电专业防高坠所使用的装备、工器具、铁塔防坠装置应用及高处作业防坠措施，这几章是本书的核心部分；第六章介绍了输配电专业常用绳结、高空救援绳结等；第七章详细阐述了以地面作业技术替代高处作业的 7 种智能机器人原理及使用方法；第八章编者根据多年总结的输电线路施工（检修）经验，分析近年多发违章行为，针对《国家电网公司电力安全工作规程（线路部分）》部分条款进行详解。

本书在编写过程中得到了许多专业人员的热情帮助和大力支持，限于编者专业水平，书中难免存有不妥之处，恳请广大读者批评指正。

编 者

2019 年 11 月

目录

第一章

高处作业基本知识

高处作业充满着潜在危险，可能会有各种各样的因素引发坠落事故，因此了解和掌握高处作业的基本原则和要求，学习高处作业必要的安全规程，对高处作业人员而言是十分必要的。

第一节　高处作业相关名词术语

一、坠落高度基准面

作业人员可能坠落范围内最低处的水平面称为坠落高度基准面。

二、高处作业定义及含义

基本概念：凡在坠落高度基准面 2m 以上（含 2m），有可能坠落的，在高处进行的作业，均为高处作业。

其含义有两个：一是相对概念，可能坠落的高度大于或等于 2m，也就是说不论在单层、多层或高层建筑物作业，还是电杆、设备机架作业，即使是平地，只要作业处的侧面有可能导致人员坠落坑、井、洞或空间，其高度达到 2m 及以上，就属于高处作业；二是高低差距标准定为 2m，因为一般情况下，当人在 2m 以上的高度坠落时，可能会造成重伤、残废甚至死亡。

三、可能坠落范围半径

为确定可能坠落范围而规定的相对于作业位置的一段水平距离称为可能坠落范围半径（一般以 R 表示）。高处坠落事故案例和模拟试验的统计结果表明，可能坠落范围半径的大小取决于作业现场的地形、地势或建筑物分布等相关的基础高度。

四、可能坠落范围

以作业位置为中心，以可能坠落范围半径为半径划成的与水平面垂直柱形空间称为可能坠落范围。

五、基础高度

以作业位置为中心、6m 为半径画出的垂直于水平面的柱形空间内的最低处与作业位置间的高度称为基础高度（一般以 h_b 表示）。不同基础高度的可能坠落范围半径见表 1-1。

表 1-1　　不同基础高度的可能坠落范围半径

基础高度 h_b	$2 \leqslant h_b \leqslant 5$	$5 < h_b \leqslant 15$	$15 < h_b \leqslant 30$	$h_b > 30$
可能坠落范围半径 R	3	4	5	6

六、高处作业高度

作业区各作业位置至相应坠落高度基准面的垂直距离中的最大值称为该作业区的高处作业高度（一般以 h_w 表示）。

作业高度示例如下所示。

（1）见图 1-1，基础高度 20m，可能坠落半径 5m，作业高度 20m。

（2）见图 1-2，其中基础高度 20m，可能坠落半径 5m，作业高度 14m。

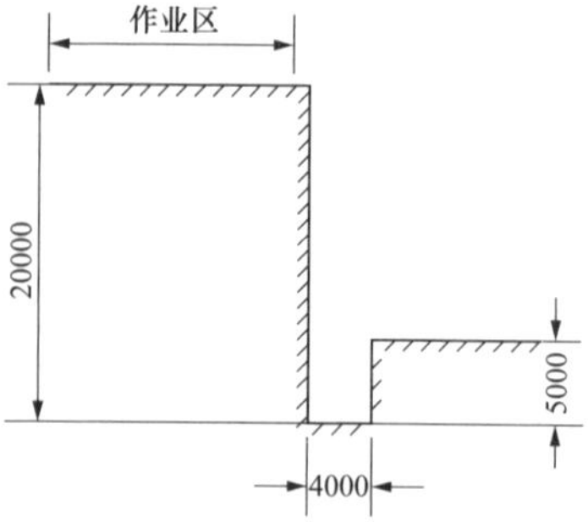

图 1-1　示例一

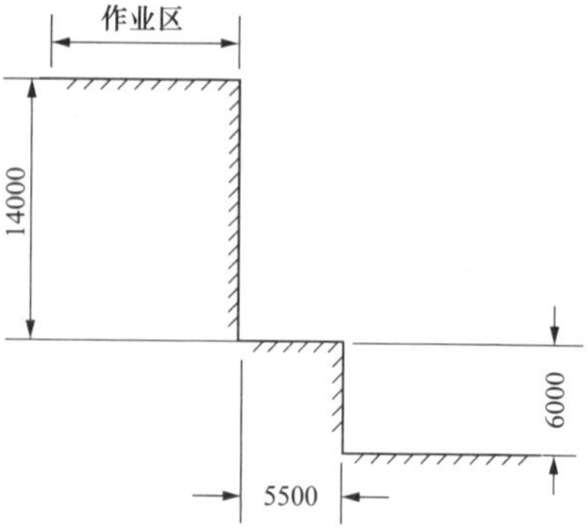

图 1-2　示例二

（3）见图 1-3，其中基础高度 29.5m，可能坠落半径 5m，作业高度 4.5m。

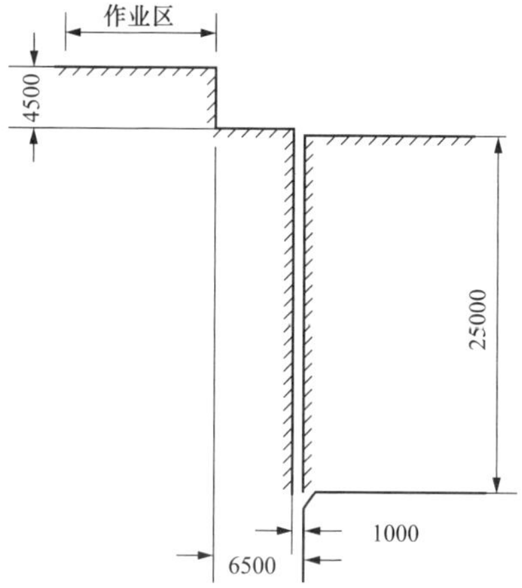

图 1-3 示例三

七、高处作业分级

根据国家标准 GB/T 3608—2008《高处作业分级》规定，高处作业级别可分为四级。

（1）高处作业高度在 2～5m，称为一级高处作业。

（2）高处作业高度在 5～15m，称为二级高处作业。

（3）高处作业高度在 15～30m，称为三级高处作业。

（4）高处作业高度在 30m 以上，称为特级高处作业。

八、高处作业的类别和特殊高处作业的种类

高处作业可分为一般高处作业和特殊高处作业两类。其中，特殊高处作业包括以下八种。

（1）在阵风风力达到六级（风速 10.8m/s）以上的情况下进行的高处作业，称为强风高处作业。

（2）在高温或低温环境下进行的高处作业，称为异温高处作业。

（3）降雪时进行的高处作业，称为雪天高处作业。

（4）降雨时进行的高处作业，称为雨天高处作业。

（5）室外完全采用人工照明时进行的高处作业，称为夜间高处作业。

（6）在接近或接触带电体条件下进行的高处作业，统称为带电

高处作业。

（7）在无立足点或无牢靠立足点的条件下，进行的高处作业，统称为悬空高处作业。

（8）对突然发生的各种灾害事故进行抢救的高处作业，称为抢救高处作业。一般高处作业系指除特殊高处作业以外的其他高处作业。

九、高处作业个体防护装备

个体防护装备是指保护人体避免受到急性伤害而使用的安全用具，包括安全帽、安全带、安全绳、连接器、速差自控器、导轨自锁器、缓冲器等，个体防护装备是确保作业人员人身安全的根本保障。

个体防护装备需要将其组合使用才能形成完整的个人防高坠保护系统，单一使用不能为作业人员提供有效的防护，本书将在第二章中重点介绍安全帽、安全带、保护绳、连接器、缓冲器和防坠器等高处作业的基本防护器材的使用及检验。

十、登高工器具

登高工器具是用于登高作业、临时性高处作业的工具，包括脚扣、升降板（登高板）、梯子、软梯、检修平台等。与高处作业个体防护装备不同的是登高工器具是将基本防护器材通过不同的组合，以满足在不同的作业场所起到安全防护作用。

第二节　高处作业的基本原则和要求

一、高处作业客观危险因素

高处作业客观危险因素包括以下 8 种。

1. 大风

高处作业现场阵风风力大于 6 级。

2. 高温

在 35℃及以上的高温环境中从事高处作业。

3. 低温

在–10℃及以下的低温环境中从事高处作业。

4. 自然环境

高处作业环境光线不足、能见度差。

5. 作业环境

高处作业场地有水、霜、冰、雪、油等易滑物。或者立足处不是平面、只有很小的空间，致使作业人员不能维持身体的平衡和稳定。

6. 物体打击

物体打击导致失去自护能力。

7. 触电伤害

高处作业位置接近或接触高压线。

8. 有妨碍高处作业的病症

如有高血压、心脏病等妨碍工作的病症。

二、高处作业的基本原则

1. 能采用技术手段地面解决的坚决不上高空

为减少高空作业频次，避免事故的发生，在能够通过技术手段在地面解决的作业尽量在地面解决，对不属于高处作业的工作，也应注意采取相应的防护措施。

2. 坚持5项基本原则

“安全事故发生是偶然的，不发生事故是必然的”，任何一起事故的发生都不是单一原因的结果，同样任何一类现场人身安全风险控制也不可能依靠单一因素来解决。不论现场的作业人员及场所如何复杂，从安全风险的系统控制内容来看，高处作业人身安全防护都应包括完善的防护器材、安全的技术措施、合格的技能水平、正确的操作流程、科学的管理制度5项基本原则。

3. 严格落实“四不伤害”和“十不干”

（1）无票的不干。

（2）工作任务、危险点不清楚的不干。

（3）危险点控制措施未落实的不干。

（4）超出作业范围未经审批的不干。

（5）未在接地保护范围内的不干。

（6）现场安全措施布置不到位、安全工器具不合格不干。

（7）杆塔根部、基础和拉线不牢固的不干。

（8）高处作业防坠措施不完善的不干。

（9）有限空间内气体含量未经检测或检测不合格的不干。

（10）工作负责人（专责监护人）不在现场的不干。

（11）不伤害自己。

（12）不伤害别人。

（13）不被别人伤害。

（14）不让他人受到伤害。

三、高处作业基本要求

1. 保护活动过程

保护活动过程是利用防护装备保护高处作业人员的移动过程，防止其发生下坠。如作业人员在杆塔横担上转位时，杆塔上安装的柔性防坠轨道可以保护作业人员在转位过程中不失去安全保护，如图 1-4 所示。

图 1-4　作业人员横担上转位的安全防护

2. 限制活动范围

限制活动范围是利用防护装置限制作业人员的活动范围，防止其下跌。在高处作业时，可通过一根安全绳将作业人员与固定点连接在一起，如图 1-5 所示。这样，可以避免作业人员在工作过程中进入可能发生坠落的区域，有效防止作业人员发生坠落，提高了高处作业的安全性。

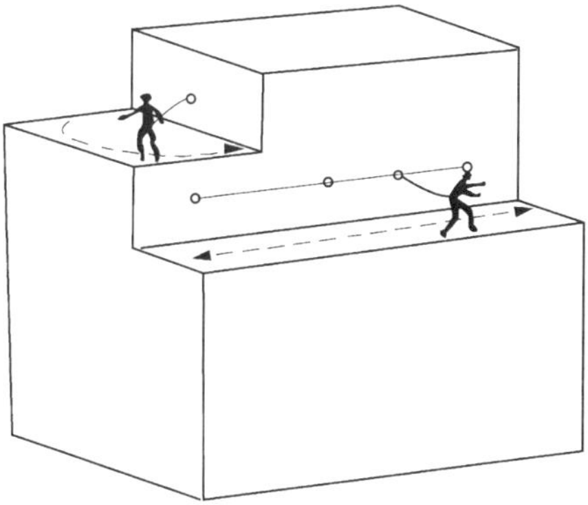

图 1-5 通过限制人员活动范围实现安全保护

3. 维持工作位置

维持工作位置是利用防护装置维持作业人员在高处作业时的作业位置，防止下坠，如设置安全作业平台。作业人员做好自身安全措施，凭借安全作业平台在高空维持作业位置，提高了高处作业人员的安全保障。如图 1-6 所示，作业人员在耐张绝缘子辅助操作平台上对单片绝缘子进行更换，作业平台限制作业人员在安全活动范围内的同时，亦可保证作业人员避免可能发生的坠落。设定安全作业平台不仅可以防止作业人员发生坠落，还能拓展作业空间，消除作业人员在高处作业时因作业空间狭小带来的恐惧感。

图 1-6 通过作业平台实现安全防护

第三节 高处作业相关安全规程要求

一、发电厂与变电站高处作业相关安全规程规定

依据电力行业发电厂与变电站相关安全工作规程，对高处作业制定了以下要求：

（1）在编制施工组织设计及施工方案时，应尽量减少高处作业。技术人员编制的高处作业施工方案中应制定安全技术措施。

（2）高处作业应设置牢固、可靠的安全防护设施，作业人员应正确使用劳动防护用品。

（3）高处作业的平台、走道、斜道等应装设不低于 1.2m 高的护栏（0.5～0.6m 处设腰杆）和 180mm 高的挡脚板或设防护立网。

（4）当高处行走区域不便装设防护栏杆时，应设置手扶水平安全绳，且符合下列规定：

1）手扶水平安全绳宜采用带有塑胶套的纤维芯 6×37+1 钢丝绳，其技术性能应符合 GB/T 20118—2017《钢丝绳适用技术条件》的规定。

2）钢丝绳两端应固定在牢固可靠的构架上，在构架上缠绕不得少于两圈，与构架棱角处相接触时应加衬垫。宜每隔 5m 设牢固支撑点，中间不应有接头。

3）钢丝绳端部固定和连接应使用绳夹，绳夹数量不应少于 3 个，绳夹应同向排列。钢丝绳夹座应在受力绳头的一边，每两个钢丝绳绳夹的间距不应小于钢丝绳直径的 6 倍；末端绳夹与中间绳夹之间应设置安全观察弯，末端绳夹与绳头末端应留有不小于 200mm 的安全距离。

4）钢丝绳固定高度应为 1.1～1.4m，钢丝绳固定后弧垂不得超过 30mm。

5）手扶水平安全绳应作为高处作业人员行走时使用。钢丝绳应无损伤、腐蚀和断股，固定应牢固，弯折绳头不得反复使用。

（5）高处作业区周围的临边、孔洞、沟道等应设盖板、安全网或防护栏杆。应设置安全标志，夜间还应设红灯示警。

（6）在夜间或光线不足的地方进行高处作业，应设是足够的照明。

（7）在气温低于-10℃进行露天高处作业时，施工场所附近宜设取暖休息室，并采取防火措施。

（8）遇六级及以上大风或暴雨、雷电、冰雹、大雪、大雾、沙尘暴等恶劣天气时，应停止露天高处作业。

（9）高处作业应系好安全带，安全带的安全绳应挂在上方牢固可靠处，并应采用高挂低用的方式。禁止挂在移动或不牢固的物件上（如隔离开关、支持绝缘子、CVT 绝缘子、母线支柱绝缘子、避雷器、支柱绝缘子等）。在作业过程中，高处作业人员应随时检查安全带是否拴牢，在转移作业位置时不得失去保护。高处作业应设安全监护人。

（10）高处作业人员在从事活动范围较大的作业时，应使用速差自控器。

（11）高处作业地点、各层平台、走道及脚手架上不得堆放超过允许载荷的物件，且不得阻塞通道，施工用料应随用随吊。

（12）高处作业人员应配带工具袋，较大的工具应系安全绳，传递物品时，严禁抛掷。

（13）高处作业人员不得坐在平台或孔洞的边缘，不得骑坐在栏杆上，不得躺在走道上或安全网内休息，不得站在栏杆外作业或凭借栏杆起吊物件。

（14）高处作业时，点焊的物件不得移动，切割的工件、边角余料等有可能坠落的物件，应放置在安全处或固定牢固。高处电焊作业或其他有火花、熔融源等场所使用的安全带或安全绳应有隔热防磨套等措施，防止安全绳（带）损坏。

（15）高处作业区附近有带电体时，传递绳应使用干燥的麻绳或尼龙绳，严禁使用金属线。

（16）应根据物体可能坠落的范围设定危险区域。危险区域应设围栏及“严禁靠近”的警示牌，严禁人员逗留或通行。

（17）高处作业过程中需与配合、指挥人员沟通时，应确定联系信号或配备通信装置，专人管理。

（18）悬空作业应使用吊篮、单人吊具或搭设操作平台，且应设置独立悬挂的安全绳、使用攀登自锁器，安全绳应拴挂牢固。索具、吊具、操作平台、安全绳应经验收合格后方可使用。

（19）上下脚手架应走上下通道或梯子，不得沿脚手杆或栏杆等攀爬。不得任意攀登高层建（构）筑物。

（20）高处作业时应及时清除积水、霜、雪、冰，必要时应采取可靠的防滑措施。

（21）非有关作业人员不得攀登高处，登高参观人员应有专人陪同，并严格按有关安全规定执行。

（22）在屋面上作业时，应有防止坠落的可靠措施。

（23）在没有脚手架或者没有栏杆的脚手架上工作，高度超过1.5m时，应使用安全带或采取其他可靠的安全措施。安全带和专用固定安全带的绳索在使用前应进行外观检查，并定期进行试验，不合格的不准使用。高处作业使用的脚手架应经验收合格后方可使用。

（24）施工中应尽量减少立体交叉作业。无法避免交叉作业时，应事先组织交叉作业各方，明确各自的施工范围及安全注意事项，各工序应密切配合，施工场地尽量错开，以减少干扰。无法错开的垂直交叉作业，层间应搭设严密、牢固的防护隔离设施。

（25）交叉作业场所的通道应保持畅通，有危险的出入口处应设围栏并悬挂安全标志。

（26）隔离层、孔洞盖板、栏杆、安全网等安全防护设施不得任意拆除。必须拆除时，应征得原搭设单位的同意，在工作完毕后应立即恢复原状并经原搭设单位验收。不应乱动非工作范围内的设备、机具及安全设施。

（27）交叉施工时，工具、材料、边角余料等不得上下抛掷，不得在吊物下方接料或停留。

二、电力线路高处作业相关安全规程规定

依据电力行业电力线路安全工作规程，对高处作业规定了以下要求：

（1）凡参加高处作业的人员，应每年进行一次体检。高处作业人员应衣着灵便，穿软底防滑鞋，并正确佩戴个人防护用具。

（2）高处作业人员必须正确使用全方位防冲击安全带，并应采用速差自控器等后备保护措施，安全带及后备保护措施应固定在构件上，不可低挂高用。高处作业过程中，应随时检查扣结绑扎的牢靠情况。

（3）安全带在使用前应检查是否在有效期内，是否有变形、破裂等情况，不得使用不合格的安全带。

（4）高处作业均应先搭设脚手架、使用高空作业车、升降平台或采取其他防止坠落措施，方可进行。

（5）在坝顶、陡坡、屋顶、悬崖、杆塔、吊桥以及其他危险的边沿进行工作，临空一面应装设安全网或防护栏杆，否则作业人员应使用安全带。

（6）峭壁、陡坡的场地或人行道上的冰雪、碎石、泥土应经常清理，靠外面一侧应设 1.05～1.20m 高的栏杆。在栏杆内侧设 180mm 高的侧板，以防坠物伤人。

（7）高处作业所用的工具和材料应放在工具袋内或用绳索拴在牢固的构件上，上下传递物件时应使用绳索，不得抛掷。

（8）在高处作业中，作业人员应随时检查安全带是否拴牢。高处作业人员在攀登或转移作业位置时不得失去安全带保护。杆塔上水平转移时应使用水平绳或设置临时扶手，垂直转移时应使用速差自控器或安全自锁器等装置。杆塔设计时应提供安全保护设施的安装用孔或装置。钢管杆塔、30m 以上杆塔和 220kV 及以上线路杆塔，宜设置作业人员上下杆塔和杆塔上水平移动的防坠安全保护装置。

（9）高处作业人员上下杆塔应沿脚钉或爬梯攀登，不得使用绳索或拉线上下杆塔，不得顺杆或单根构件下滑或上爬。

（10）攀登无爬梯或无脚钉的电杆应使用登杆工具，多人上下同一杆塔时应逐个进行。

（11）攀登杆塔作业前，应先检查根部、基础和拉线是否牢固。新立杆塔在杆基未完全牢固或做好临时拉线前，禁止攀登。遇有冲刷、起土、上拔或导地线、拉线松动的杆塔，应先培土加固，打好临时拉线或支好杆架后，再行登杆。

（12）登杆塔前，应先检查登高工具和设施，如脚扣、升降板、安全带、梯子和脚钉、爬梯、防坠装置等是否完整牢靠。禁止携带器材登杆或在杆塔上移位。攀登有覆冰、积雪的杆塔时，应采取防滑措施。上横担进行工作前，应检查横担连接是否牢固和腐蚀，检查时安全带（绳）应系在主杆或牢固的构件上。

（13）作业人员攀登杆塔、杆塔上转位及杆塔上作业时，手扶的构件应牢固，不准失去安全保护，并防止安全带从杆顶脱出或被锋利物损坏。

（14）在杆塔上作业时，应使用有后备保护绳或速差自锁器的双控背带式安全带，当后备保护绳超过 3m 时，应使用缓冲器。安全带和后备保护绳应分别挂在杆塔不同部位的牢固构件上。后备保护绳不准对接使用。

（15）在杆塔上水平使用梯子时，应使用特制的专用梯子。工作前，应将梯子两端与固定物可靠连接，一般应由一人在梯子上工作。

（16）在带电体附近进行高处作业时，与带电体的最小安全距离应符合表 1-2 的规定，临近带电体的作业应编制安全技术措施，经总工程师批准后方可施工。

表 1-2　　高处作业与带电体最小安全距离

项　目	参　数　值					
带电体的电压等级（kV）	≤10	35	63～110	220	330	500
工器具、安装构件、导线、地线与带电体的距离（m）	2.0	3.5	4.0	5.0	6.0	7.0
作业人员的活动范围与带电体的距离（m）	1.7	2.0	2.5	4.0	5.0	6.0
整体组立杆塔与带电体的距离（m）	应大于倒杆距离（自杆塔边缘到带电体的最近侧为最小安全距离）					

（17）在霜冻、雨雪后进行高处作业，应采取防冻和防滑措施。低温或高温环境下进行高处作业，应采取保暖和防暑降温措施，作业时间不宜过长。

（18）施工中应避免立体交叉作业。无法错开的立体交叉作业，应采取防高处落物、防坠落等防护措施。

（19）梯子应坚固完整，有防滑措施。梯子的支柱应能承受作业人员及所携带的工具、材料攀登时的总重。

（20）硬质梯子的横档应嵌在支柱上，梯阶的距离不应大于400mm，并在距梯顶 1m 处设限高标志。使用单梯工作时，梯子与地面的角度为 60°左右。梯子不宜绑接使用。人字梯应有限制开度的措施。人在梯子上时，禁止移动梯子。

（21）使用软梯、挂梯作业或用梯头进行移动作业时，软梯、挂梯或梯头上只准一人工作。作业人员到达梯头上进行工作和梯头开始移动前，应将梯头的封口可靠封闭，否则应使用保护绳防止梯头脱钩。

（22）利用高空作业车、带电作业车、叉车、高处作业平台等进行高处作业，高处作业平台应处于稳定状态，需要移动车辆时，作业平台上不准载人。

第二章

高处作业个体防护装备

预防高处作业坠落事故，离不开应用高效的技术手段，而高效的技术手段依托于高处作业的基本防护器材，如安全帽、安全带、保护绳、连接器、缓冲器和防坠器等。将基本的高处作业防护器材高效地组合在一起，形成一套完整的个人坠落防护系统，才能对高处作业人员起到积极而有效的防护作用。

安全工器具应通过国家、行业标准规定的型式试验，以及出厂试验和预防性试验。进口产品试验不低于国内同类产品标准。安全工器具使用期间应按规定做好预防性试验。本章将重点介绍安全帽、安全带、保护绳、连接器、缓冲器和防坠器6种高处作业个体器材防护装备。

第一节　安　全　帽

一、安全帽作用及分类

高处作业时，当物体坠落在头部、头部碰撞在坚硬物体或人体意外坠落时头部撞击在杆塔等物体上时，安全帽可对作业人员头部受坠物冲击、受侧向撞击及其他因素引起的伤害起防护作用。

安全帽按帽壳制造材料可分为塑料安全帽、玻璃钢安全帽、橡胶安全帽、植物枝条编织安全帽、铝合金安全帽和纸胶安全帽等；按帽壳的外部形状可分为单顶筋、双顶筋、多顶筋、“V”字顶筋、“m”字顶筋、无顶筋和钢盔式等多种形式；按帽檐尺寸可分为小檐、中檐、大檐和卷檐安全帽，其帽檐尺寸分别为0～30mm、30～50mm

以及 50～70mm；按作业场所可分为一般作业类和特殊作业类安全帽，作业类安全帽用于可能发生一般冲击伤害的作业场所，如杆塔组立高层建筑及造船业等现场，特殊作业类安全帽用于有特殊防护要求的作业场所，如低温、带电、有火源等场所。

二、安全帽结构及材料

安全帽其主要由帽壳、顶衬、下颚带及附件组成，如图 2-1 所示。

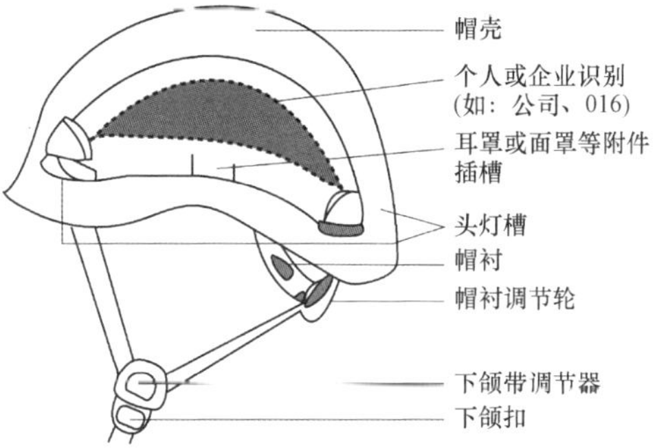

图 2-1　安全帽主要部件示意图

1. 帽壳

帽壳是安全帽外表面的组成部分，由帽舌、帽檐和顶筋组成，如图 2-2 所示。

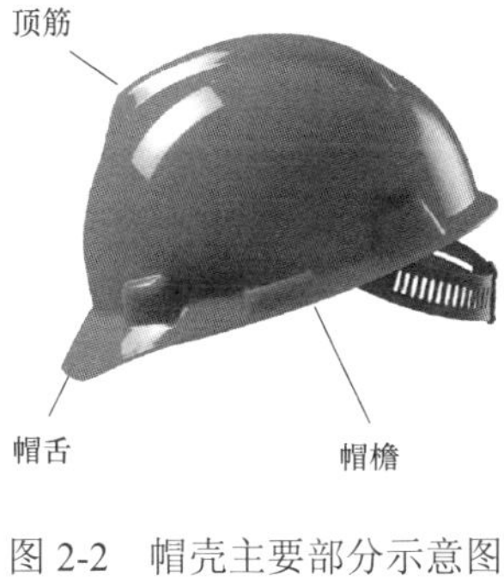

图 2-2　帽壳主要部分示意图

2. 帽衬

帽衬是帽壳内部部件的总称，主要由帽箍、吸汗带、缓冲垫、衬带和调节器组成，如图 2-3 所示。

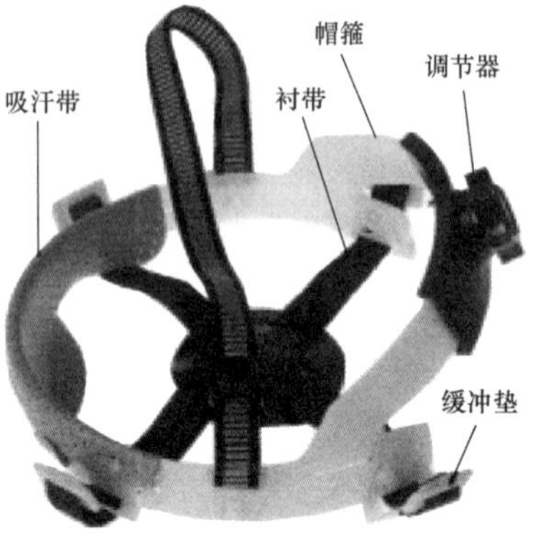

图 2-3　帽衬主要部件示意图

3. 下颌带

下颌带是指在人的下颌上起辅助固定作用的带子，由系带、下须带调节器、下颌扣组成，如图 2-4 所示。下颌带直接与人体的下颌接触，因此，必须采用软质纺织物，如棉质或化纤带（绳），且是宽度不小于 10mm 的带或直径不小于 5mm 的绳。

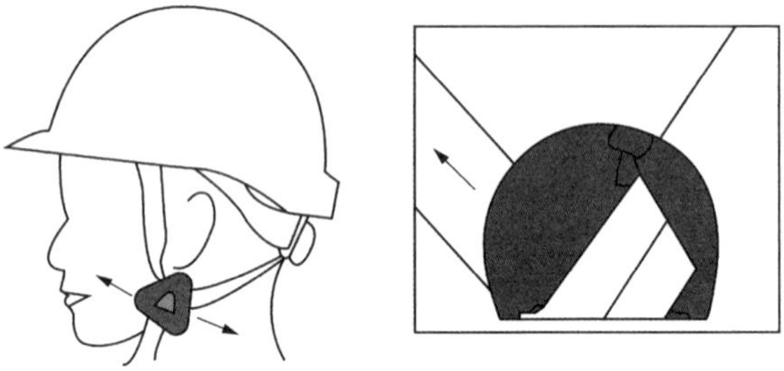

图 2-4　下颌带使用示意图

4. 安全帽附件

安全帽附件一般包括眼面部防护装置、耳部防护装置、主动降温装置、电感应装置、颈部防护装置、照明装置、警示标志等，其中较为常用的是耳罩、面罩及头灯等专业作业用附件，如图 2-5

所示。

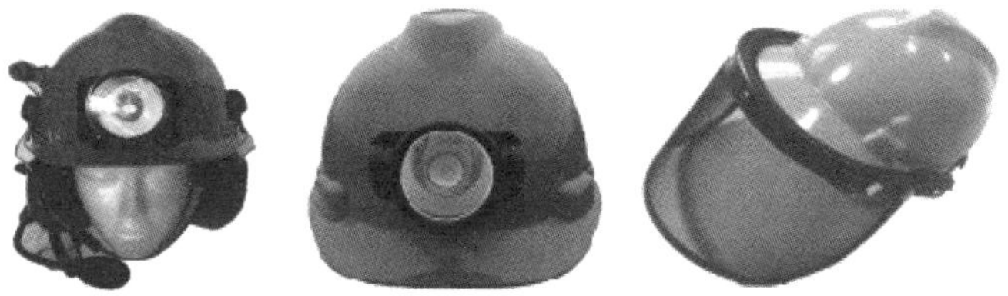

（a）耳罩　（b）头灯　（c）面罩

图 2-5　安全帽常用附件示意图

三、安全帽使用技术要求

1. 一般要求

（1）帽箍可根据安全帽标识中明示的适用头围尺寸进行调整。

（2）帽箍对应前额的区域应有吸汗性织物或增加吸汗带，吸汗带宽度大于或等于帽箍的宽度。

（3）系带应采用宽度不小于 10mm 的带或直径不小于 5mm 的绳等软质纺织物。

（4）不得使用有毒、有害或引起皮肤过敏等使人体受到伤害的材料。

（5）材料耐老化性能应不低于产品标识明示的日期，正常使用的安全帽在使用期内不能因材料原因导致其性能低于标准要求。所有使用的材料应具有相应的预期寿命。

（6）当安全帽配有附件时，应保证安全帽正常佩戴时的稳定性。安全帽的附件应不影响安全帽的正常防护功能。

（7）普通安全帽的质量不超过 430g，防寒安全帽质量不超过 600g。

2. 基本技术性能

（1）冲击吸收性能。安全帽经高温（50℃）、低温（–10℃）、浸水、紫外线照射预处理后做冲击测试，传递到头模上的力不超过 4900N，且帽壳不得有碎片脱落。

（2）耐穿刺性能。安全帽经高温（50C）、低温（–10℃）、浸水、紫外线照射预处理后做穿刺测试，钢锥不得接触头模表面，且帽壳不得有碎片脱落。

（3）下颌带的强度。安全帽下颌带发生破坏时的力值应介于150～250N。保证佩戴者受到一定的冲击时，安全帽不致因下颌带断裂而从佩戴者头部脱落。

四、安全帽预防性试验内容及要求

安全帽预防性试验的试验项目包括冲击性能试验、耐穿刺性能试验等。安全帽试验项目、周期和要求见表2-1。

表2-1　　安全帽的试验项目、周期和要求

序号	项　目	周　　期	要　　求
1	冲击性能试验	植物枝条编织帽：1年后 塑料和纸胶帽：2.5年后 玻璃钢橡胶帽：3.5年后	传递到头模上的冲击力小于4900N，帽壳不得有碎片脱落
2	耐穿刺性能试验		钢锥不接触头模表面，帽壳不得有碎片脱落

注 1. 使用期从产品制造完成之日起计算，以后每年抽检1次。每批从最严酷使用场合中抽取，每项试验试样不少于2顶，有一顶不合格，则该批安全帽报废。

2. 普通绝缘安全帽，每年需进行1次交流泄漏电流试验。对带电作业用绝缘安全帽，每6个月需进行1次工频耐压试验。

（1）冲击性能试验。根据安全帽的佩戴高度选择合适的头模，将预处理后的安全帽正常佩戴在头模上，并保证帽箍与头模的接触为自然佩戴状态且稳定，调整落锤（5kg）的轴线同传感器的轴线重合，调整落锤的高度为（1000±5）mm，对安全帽进行测试，记录冲击力值，准确到1N。传递到头模上的力不超过4900N，帽壳无碎片脱落，则试验通过，冲击性能测试装置示意图如图2-6所示。

（2）耐穿刺性能试验。根据安全帽的佩戴高度选择合适的头模，将预处理后的安全帽正常佩戴在头模上，并保证帽箍与头模的接触为自然佩戴状态且稳定，调整穿刺锥（3kg）的轴线使其穿过安全帽帽顶中心直径100mm范围内结构最薄弱处，调整穿刺锥尖至帽顶接触点的高度为（1000±5）mm，对安全帽进行测试。若穿刺锥接触头模顶部，通电装置立刻蜂鸣，记录穿刺结果。钢锥不接触头模表面，观察安全帽的破坏情况，帽壳无碎片脱落，则试验通过，耐穿刺性能测试装置示意图如图 2-7 所示。

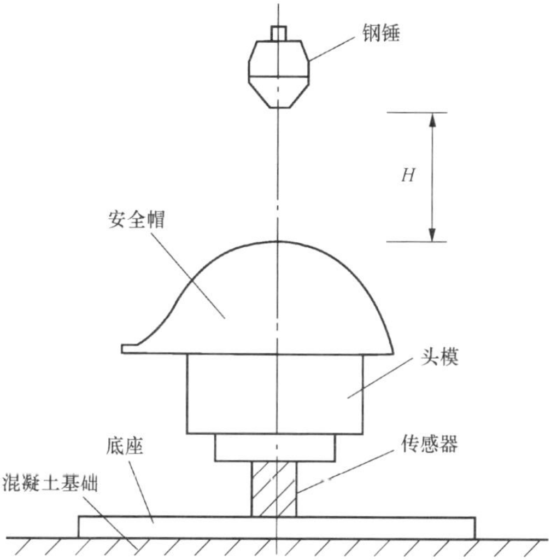

图 2-6　冲击性能测试装置示意图

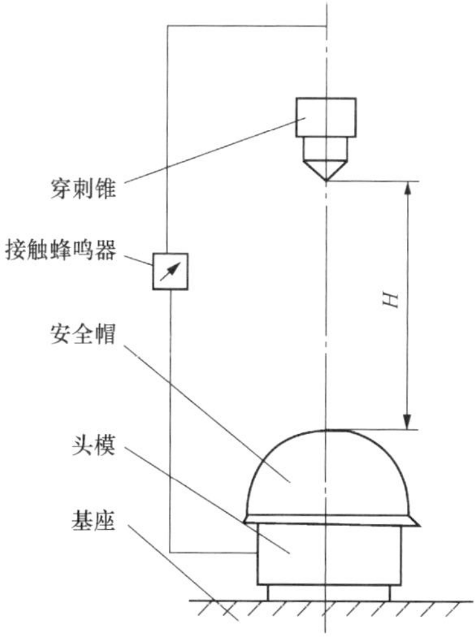

图 2-7　耐穿刺性能测试装置示意图

五、安全帽检查要求及使用注意事项

1. 检查要求

（1）永久标识和产品说明等标识清晰完整，安全帽的帽壳、帽衬（帽箍、吸汗带、缓冲垫及衬带）、帽箍扣、下颏带等组件完好无缺失。

（2）帽壳内外表面应平整光滑，无划痕、裂缝和孔洞，无灼伤、冲击痕迹。

（3）帽衬与帽壳连接牢固，后箍、锁紧卡等开闭调节灵活，卡位牢固。

（4）使用期从产品制造完成之日起计算：植物枝条编织帽不得超过两年，塑料和纸胶帽不得超过两年半；玻璃钢（维纶钢）橡胶帽不超过三年半。超期的安全帽应抽查检验合格后方可使用，以后每年抽检一次。每批从最严酷使用场合中抽取，每项试验试样不少于两顶，有一顶不合格，则该批安全帽报废。

2. 使用注意事项

（1）任何人员进入生产、施工现场必须正确佩戴安全帽。针对不同的生产场所，根据安全帽产品说明选择适用的安全帽。

（2）安全帽戴好后，应将帽箍扣调整到合适的位置，锁紧下颚带，防止工作中前倾后仰或其他原因造成滑落。

（3）受过一次强冲击或做过试验的安全帽不能继续使用，应予以报废。

第二节　安　全　带

一、安全带作用及分类

安全带是预防高处作业人员坠落伤亡最有效的防护用具，是防止高处作业人员发生坠落或发生坠落后将作业人员安全悬挂的个体防护装备，适用在围杆、悬挂、攀登等高处作业使用。如对登杆作业的人员，只有在系好安全带后，两只手才能同时进行作业，否则工作既不方便，危险性又很大，还可能发生坠落事故。

高处作业用的安全带一般分为围杆作业安全带、区域限制安全

带、坠落悬挂安全带三类。根据《国家电网公司电力安全工作规程（线路部分）》9.2.4 条规定："在杆塔上作业时，应使用有后备保护绳或速查自锁器的双控背带式安全带"。因此，电力高处作业通常使用坠落悬挂安全带。坠落悬挂安全带一般分为简易型全身式安全带、标准型全身式安全带和坐型全身式安全带等。下面将重点对上述三种安全带进行介绍。

二、坠落悬挂安全带结构与材料

1. 简易型全身式安全带

以下主要介绍简易型全身式安全带的结构、关键点静负荷。

（1）简易型全身式安全带的结构，如图 2-8 所示，主要由带体、背部悬挂环、前胸系环、肩部调节扣和腿部调节扣等部件组成。

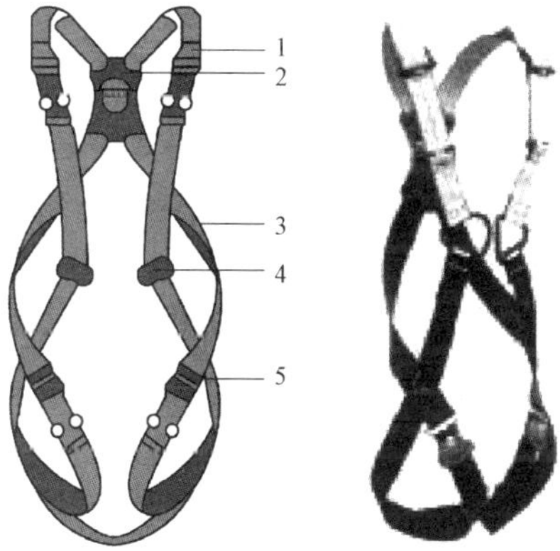

图 2-8　简易型全身式安全带

1—肩部调节扣；2—背部悬挂环；3—带体；4—前胸系环；5—腿部调节扣

（2）简易型全身式安全带的关键点静负荷要求，如图 2-9 所示。图中明确显示背部悬挂环和前胸系环是负荷关键点，可用于悬挂坠落防护装备，背部及前胸悬挂方式如图 2-10 所示。

2. 标准型全身式安全带

以下主要介绍标准型全身式安全带的结构、关键点静负荷

（1）标准型全身式安全带的结构如图 2-11 所示，主要由背部悬挂环、背部悬挂环调节扣、前胸悬挂环、护腿环、安全扣（连接器）、

护腰带、腹部悬挂环、水平腰带悬挂环、后扣连接器、调节扣及带体等部件组成，其中背部悬挂环的结构及作用同简易型全身式安全带的背部悬挂环。

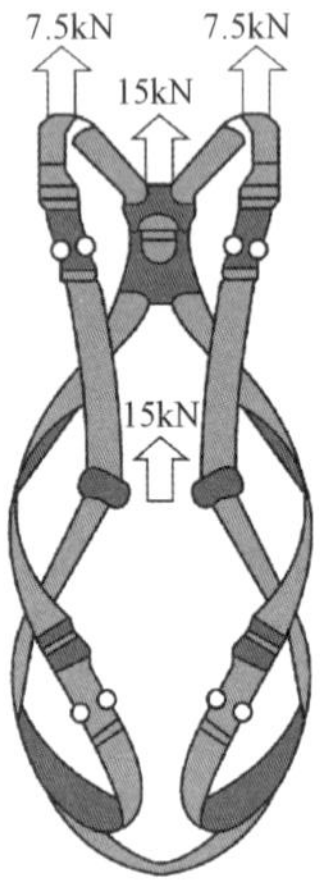

图 2-9　简易型全身式安全带关键点静负荷要求示意图

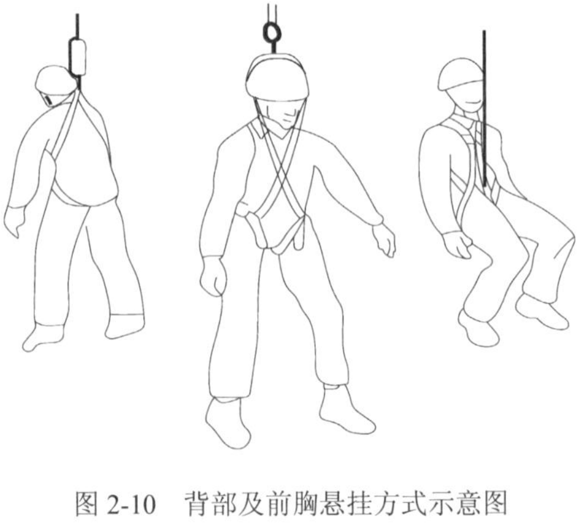

图 2-10　背部及前胸悬挂方式示意图

（2）标准型全身式安全带关键点静负荷要求如图 2-12 所示。水平腰带悬挂环不可用作悬挂坠落防护装备，其最大悬挂物品质量要求如图 2-13 所示，每个悬挂环最多可悬挂总重不超过 5kg 作业装备。

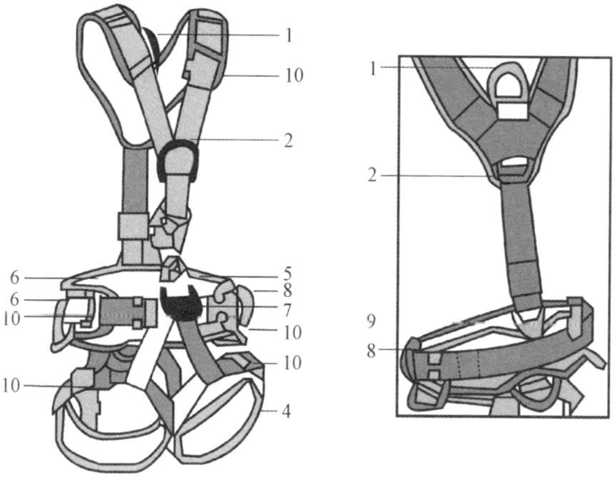

图 2-11　标准型全身式安全带

1—背部悬挂环；2—背部悬挂环调节扣；3—前胸悬挂环；4—护腿环；5—安全扣（连接器）；6—护腰带；7—腹部悬挂环；8—水平腰带悬挂环；9—后扣连接器；10—调节扣

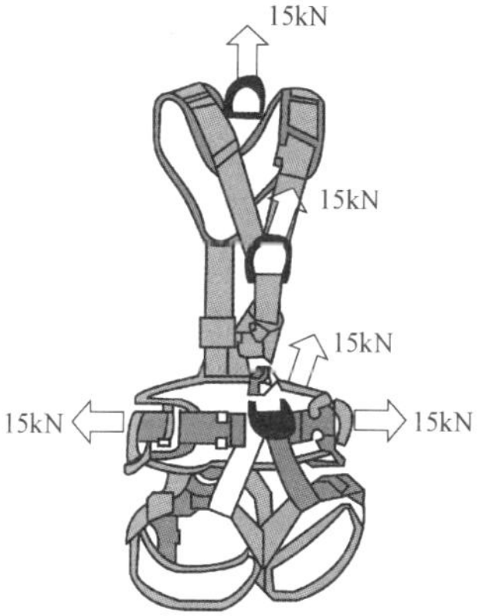

图 2-12　标准式全身式安全带关键点静负荷要求示意图

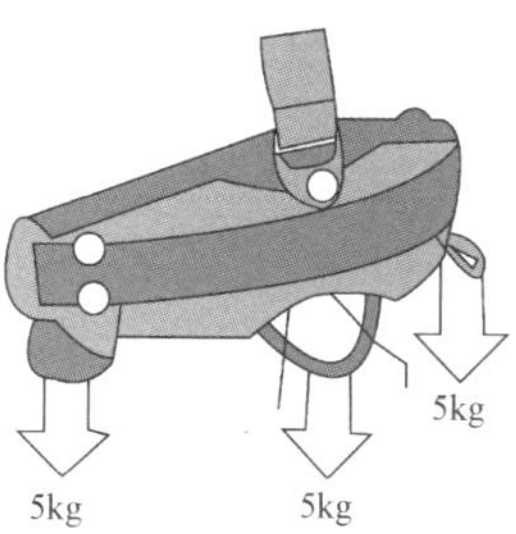

图 2-13　水平腰带悬挂环最大悬挂物品质量示意图

从图 2-12 中明确显示背部、胸前及腹部是负荷关键点，可用于悬排坠落防护装备，背部及胸前悬挂方式如图 2-14 所示。

（a）背部悬挂　（b）胸前悬挂

图 2-14　背部及胸前悬挂方式示意图

3. 坐型全身式安全带

一般说来，穿安全带时，腰带的位置应在髋骨上方，不可压迫到横膈膜，影响到呼吸，腰带不能系得过紧，应在腰部留出不收腹情况下可插入一掌的间隙，穿好后，不论多用力地将腰带向下拉安全带都不能被拉到髋骨之下

实际高处作业施工中，确有一些作业人员为追求作业位置及方式的舒适度，将安全带的护腰带托在臀部。坐型全身式安全带的诞生，既保障了登高作业的安全又解决了登高作业时的舒适度问题。

（1）坐型全身式安全带的结构，如图 2-15 所示。坐型全身式安全带的硬坐垫，采用内衬高强度轻质工程塑料，外覆网状透气塑胶材料制作，坐型全身式安全带其坚硬的坐垫配合宽大、柔软的腰带，将保障佩戴者在高处作业时的最佳舒适度。

（2）坐型全身式安全带与标准型全身式安全带一样，负荷关键点在背部、胸前及腹部，并可用于悬挂坠落防护装备，使用方式如图 2-16 所示。

三、安全带技术要求

（1）安全带与身体接触的一面不应有突出物，结构应平滑。

（2）安全带不应使用回料或再生料，使用皮革不应有接缝。

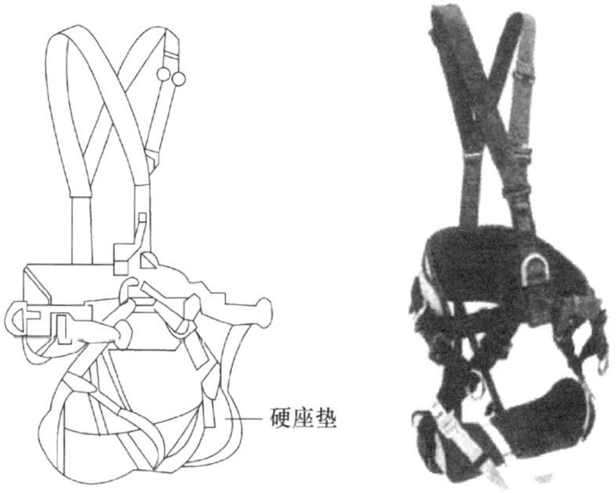

图 2-15　坐型全身式安全带结构示意图

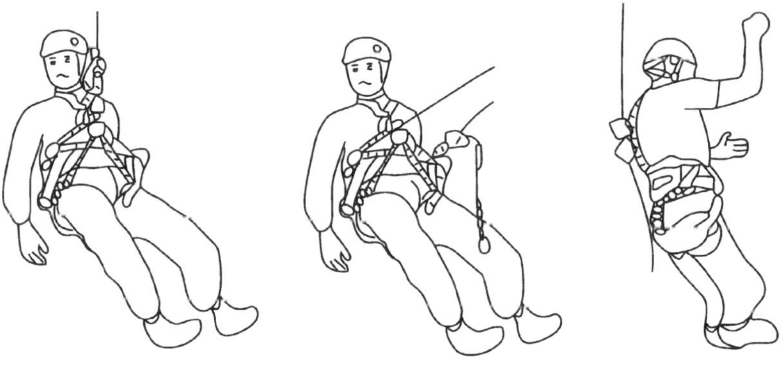

（a）铁塔横担下作业　　（b）电杆围杆作业　　（c）攀登电杆作业

图 2-16　坐型全身式安全带使用方式示意图

（3）安全带可同工作服合为一体，但不应封闭在衬里内，以便穿脱时检查和调整。

（4）安全带按规定的方法进行模拟人穿戴测试，腋下、大腿内侧不应有绳、带以外的物品，不应有任何部件压迫喉部、外生殖器。

（5）坠落悬挂安全带的安全绳同主带的连接点应固定于佩戴者的后背、后腰或胸前，不应位于腋下、腰侧或腹部。

（6）旧产品应按规定的方法进行静态负荷测试，当主带或安全绳的破坏负荷低于 15kN 时，该批安全带应报废或更换相应部件。

（7）围杆作业安全带、区域限制安全带、坠落悬挂安全带当分别满足基本技术性能时可组合使用，各部件应相互浮动并有明显标志。如果共用同一具系带，应满足坠落悬挂安全带基本技术性能的要求。

（8）坠落悬挂安全带应带有一个足以装下连接器及安全绳的口袋。

四、安全带预防性试验内容及要求

安全带预防性试验的试验项目主要是静负荷试验。安全带试验项目、周期和要求见表 2-2。

表 2-2　安全带的试验项目、周期和要求

项目	周期	要　求			
		种类		试验静拉力（N）	载荷时间（min）
静负荷试验	1 年	整带	坠落悬挂安全带	3300	5
			围杆作业安全带	2205	5
			区域限制安全带	1200	5

注　牛皮带的试验周期为半年。

静负荷试验连接形式见图 2-17，并按表 2-2 所列种类、对应的静拉力和时间，拉伸速度为 100mm/min。

五、安全带检查要求及使用注意事项

1. 检查要求

（1）商标、合格证和检验证等标识清晰完整，各部件完整无缺失、无伤残破损。

（2）腰带、围杆带、肩带、腿带等带体无灼伤、脆裂及霉变，表面不应有明显磨损及切口。围杆绳、安全绳无灼伤、脆裂、断股及霉变，各股松紧一致，绳子应无扭结，护腰带接触腰的部分应垫有柔软材料，边缘圆滑无角。

（3）织带折头连接应使用缝线，不应使用铆钉、胶粘、热合等工艺，缝线颜色与织带应有区分。

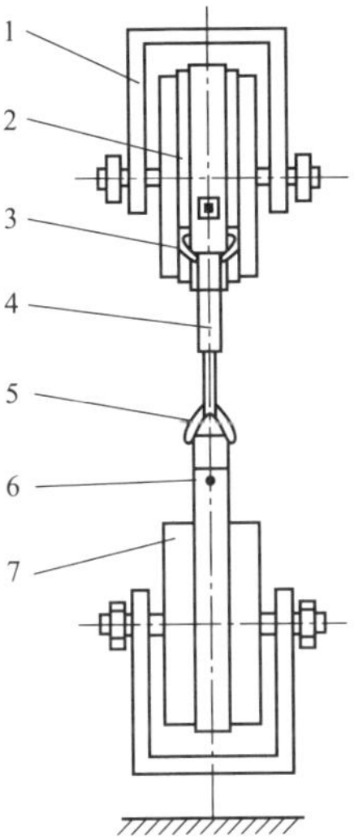

图 2-17 安全带整体静负荷试验示意图

1—夹具；2—安全带；3—半圆环；4—钩；5—三角环；6—带、绳；7—木轮

（4）金属配件表面光洁，无裂纹、无严重锈蚀和目测可见的变形，配件边缘应呈圆弧形，金属环类零件不允许使用焊接，不应留有开口。

（5）金属挂钩等连接器应有保险装置，应在两个及以上明确的动作下才能打开，且操作灵活。钩体和钩舌的咬口必须完整，两者不得偏斜，各调节装置应灵活可靠。

2. 使用注意事项

（1）围杆作业安全带一般使用期限为 3 年，区域限制安全带和坠落悬挂安全带使用期限为 5 年，如发生坠落事故，则应由专人进行检查，如有影响性能的损伤，则应立即更换。

（2）应正确选用安全带，其功能应符合现场作业要求，如需多种条件下使用，在保证安全前提下，可选用组合式安全带（区域限制安全带、围杆作业安全带、坠落悬挂安全带等的组合）。

（3）安全带穿戴好后应仔细检查连接扣或调节扣，确保各处绳扣连接牢固。

（4）2m 及以上的高处作业应使用安全带。

（5）在坝顶、陡坡、屋顶、悬崖、杆塔、吊桥以及其他危险的边沿进行工作，临空一面应装设安全网或防护栏杆，否则，作业人员应使用安全带。

（6）在没有脚手架或者在没有栏杆的脚手架上工作，高度超过 1.5m 时，应使用安全带。

（7）在电焊作业或其他有火花、熔融源等场所使用的安全带或安全绳应有隔热防磨套。

（8）安全带的挂钩或绳子应挂在结实牢固的构件或专为挂安全带用的钢丝绳上，并应采用高挂低用的方式。

（9）高处作业人员在转移作业位置时不准失去安全保护。

（10）禁止将安全带系在移动或不牢固的物件上（如隔离开关、支持绝缘子、瓷横担、未经固定的转动横担、线路支柱绝缘子、避雷器支柱绝缘子等）。

（11）登杆前，应进行围杆带和后备绳的试拉，无异常方可继续使用。

第三节 安 全 绳

一、安全绳作用及分类

安全绳也叫作保护绳，是连接安全带系带与挂点的绳（带、钢丝绳等），一般分为围杆作业安全绳、区域限制安全绳和坠落悬挂安全绳，也可按可调节性分为可调式安全绳和不可调式安全绳。

1. 围杆作业安全绳

围杆作业安全绳可用于固定工作位置和设置临时水平安全拉线等。

（1）固定工作位置。围杆作业安全绳是安全带和固定物之间的连接器材，通过它能方便高处作业者在防止坠落的情况下固定工作位置，如图 2-18 所示，围杆作业安全绳松紧调节固定示意图。

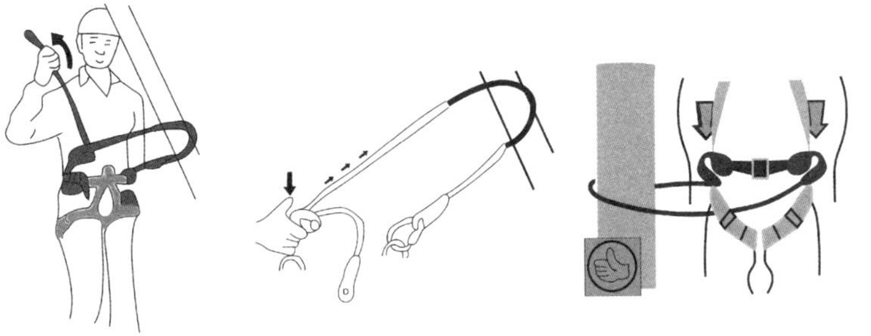

（a）收紧安全绳　　（b）放松安全绳　　（c）固定位置

图 2-18　围杆作业安全绳松紧调节固定示意图

（2）设置临时水平安全拉线。围杆作业安全绳可根据实际情况设立一个灵活的水平安全拉线，如图 2-19 所示。特别需强调的是：围杆作业安全绳设立的水平安全拉线只能是临时性的，不可设为永久性水平拉线（永久性水平拉线应采用钢绞线或钢索）。

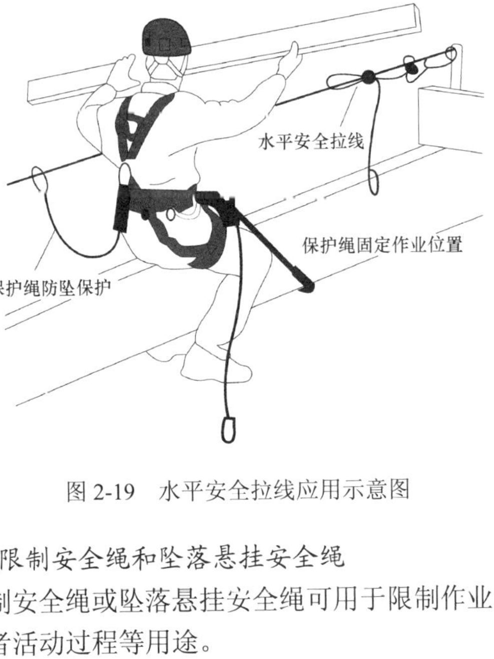

图 2-19　水平安全拉线应用示意图

2. 区域限制安全绳和坠落悬挂安全绳

区域限制安全绳或坠落悬挂安全绳可用于限制作业者活动范围和保护作业者活动过程等用途。

（1）限制作业者活动范围。区域限制安全绳或坠落悬挂安全绳也是安全带和一个固定物之间的连接器材，将该安全绳连接在某一固定点上，可将高处作业者的活动范围限制在以保护绳长度为半径的圆圈内，防止作业者从高处坠落，如图 2-20 所示。区域限制安全绳用于限制高处平台上作业人员的活动范围。

图 2-20　不可调式保护绳限制活动范围

（2）保护作业者活动过程。将该安全绳的安全钩套在水平安全绳上，既能使作业者沿水平安全绳移动，又通过水平安全绳防止作业者高处失足坠落，如图 2-21 所示。坠落悬挂安全绳用于防止高处作业平台上作业人员坠落。

二、安全绳材料及结构

安全绳一般用麻、棉、棕丝、尼龙纤维等材料制成，带电作业用的绝缘安全绳由蚕丝制成。制作时一般按照 S 或 Z 捻向按照一定缠绕方法，有规律进行多股编织而成圆柱形状。

1. 围杆作业安全绳

围杆作业安全绳为可调节保护绳，其结构如图 2-22 所示。

围杆作业安全带用于固定工作位置时，在使用过程中应确保滑动式耐磨保护套能正常移动，在使用过程中耐磨保护套应滑动至安全绳和固定物之间接触部位，以确保耐磨保护套不会被磨损。

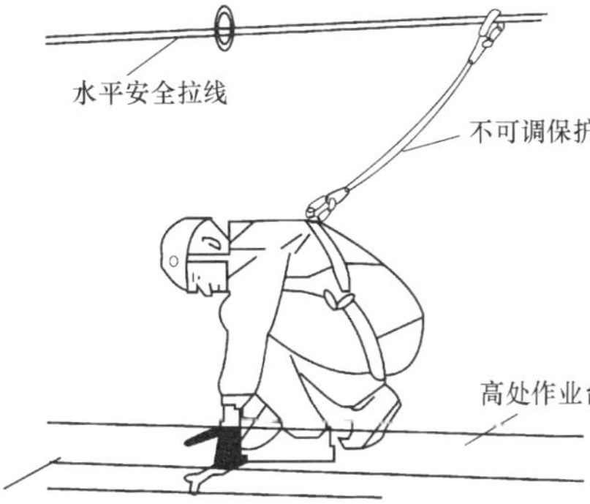

图 2-21　不可调式保护绳防止坠落

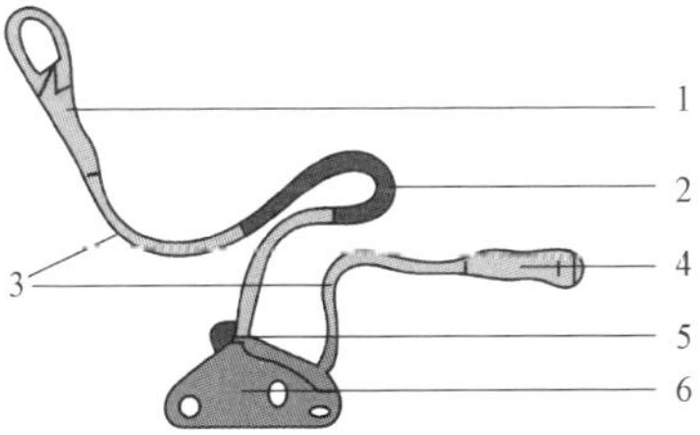

图 2-22　围杆作业安全绳结构示意图

1—绳缝合环及连机器；2—滑动式耐磨保护套；3—绳；4—绳缝合环及终端；5—移动凸轮加可调手柄；6—调节器

围杆作业安全带用于设置水平安全拉线时，在使用过程中，拉线坡度不可大于 15°，固定时不可用机械工具进行拉紧，只能用人力进行拉紧固定，每个绳索段只允许一人进行使用。

2. 区域限制安全绳和坠落悬挂安全绳

区域限制安全绳或坠落悬挂安全绳为不可调节保护绳，其结构如图 2-23 所示。

三、安全绳技术要求

（1）若安全绳为多股绳，则股数不应少于 3 股。

（2）绳头不应留有散丝，绳头编花前应经燎烫处理，编花后不能进行燎烫处理，编花部分应加保护套。

（3）绳末端若连接金属件，末端环眼处应设内衬支架。

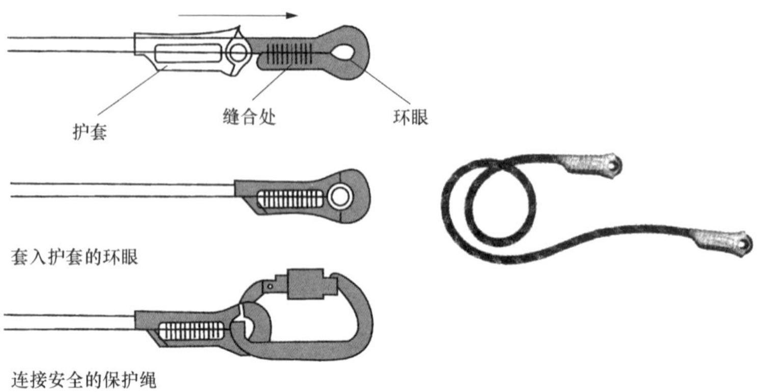

图 2-23　区域限制安全绳或坠落悬挂安全绳结构示意图

（4）与绳体连接的零部件整体应顺滑，无材料或制造缺陷。

（5）适用温度。安全绳及附件的使用环境温度应能适用于 –35～+50℃。

（6）直径。安全绳的直径不应小于 12.5mm，且不大于 20.0mm，与安全绳生产方标称直径值对照，允许误差为±0.5mm。

（7）静力延展率。围杆作业安全绳承受 80kg 静载荷时，延展率不超过 2%; 区域限制安全绳或坠落悬挂安全绳承受 80kg 静载荷时，延展率不应小于 1%且不大于 10%。

（8）静载荷性能。围杆作业用及区域限制用安全绳在不小于 10kN 的静载荷作用下保持 3min，坠落悬挂用安全绳在不小于 15kN 的静载荷作用下保持 3min，应无肉眼可见的断股、变形等损坏现象。

（9）破断力。围杆作业用安全绳及区域限制用安全绳的整体破断力不应小于 15kN，坠落悬挂用安全绳的整体破断力不应小于 22kN。

（10）冲击性能。安全绳在（–35±2）～（+50±2）℃范围内、干燥状态下，承受 100g 载荷坠落时，冲击力应小于 900kg，承受 80kg 载荷坠落时，冲击力应小于 700kg。安全绳及附件经坠落、冲击动作后必须整体报废。

（11）动力延展率。仅考核区域限制安全绳或坠落悬挂安全绳，安全绳冲击后，延展率不超过 40%。

（12）外皮滑动性：仅考核围杆作业安全绳，由于绳索外皮并非黏在绳芯上，所以会在使用过程中外皮和绳花之间发生位移，拉扯试验后，外皮和绳芯之间的相对位移量必须小于 40mm。

（13）防切割性能。杆塔结构上的尖锐角钢边可能对承重安全绳的横向切割产生致命的后果。防切割性能要求安全绳悬挂一个 80kg 重物从一定高度落下，使安全绳抛向尖锐障碍物边缘，安全绳不应断裂。

（14）耐磨性能。用 10kg 的重物系于安全绳的一端上，在旋转砂轮上纵向摩擦，直至安全绳的外层被磨损。安全绳被磨损的时间直接反映了安全绳的纵向耐磨损能力。

（15）冲坠性能。安全绳悬挂一个 80kg 重物从 4.8m 高度落下，使安全绳冲撞于一个横向放置的半径为 10m 的物体边缘，安全绳应能承受连续 5 次的冲坠，每次间隔 5min，安全绳不应断裂。

四、安全绳预防性试验内容及要求

安全绳预防性试验的试验项目主要是静负荷试验。试验项目、周期和要求见表 2-3。

表 2-3　　安全绳的试验项目、周期和要求

项　目	周　期	要　求
静负荷试验	1 年	施加 2205N 静拉力，持续时间 5min，卸载后无变形或破断

静负荷试验连接形式与安全带静负荷试验连接形式相同，并按表 2-3 所列种类、对应的静拉力和时间，拉伸速度为 100mm/min。

五、安全绳检查要求及使用注意事项

1. 检查要求

（1）安全绳的产品名称、标准号、制造厂名及厂址、生产日期（年、月）及有效期、总长度、产品作业类别（围杆作业、区域限制或坠落悬挂）、产品合格标志、法律法规要求标注的其他内容等永久标识清晰完整。

（2）安全绳应光滑、干燥，无霉变、断股、磨损、灼伤、缺口

等缺陷。所有部件应顺滑，无材料或制造缺陷，无尖角或锋利边缘。如有护套不应破损。

（3）织带式安全绳的织带应加锁边线，末端无散丝；纤维绳式安全绳绳头无散丝；钢丝绳式安全绳的钢丝应捻制均匀、紧密、不松散，中间无接头；链式安全绳下端环、连接环和中间环的各环间转动灵活，链条形状一致。

2. 使用注意事项

（1）安全绳应是整根，不应私自接长使用。

（2）在具有高温、腐蚀等场合使用的安全绳，应穿入整根具耐高温、抗腐蚀的保护套或采用钢丝绳式安全绳。

（3）安全绳的连接应通过连接扣连接，在使用过程中不应扎结。

第四节 连 接 器

一、连接器作用及分类

连接器是一种连接两个或两个以上防护器材的承力件，是高处作业防坠落安全系统所必需的连接工具。连接器的种类繁多，一般可分为安全扣、挂钩及快挂三大类。

1. 安全扣

安全扣是一种连接两个或两个以上防护器材且能除螺旋形安全扣以外，其余安全扣必须经过两次及以上的手动操作才能开锁的承力件。安全扣的品种较多，具有不同的形状、不同的大小、不同的上锁系统和相应的用途。按结构形状来分，有梨形扣、D 形扣和半圆形扣三种，如图 2-24 所示，按功能可分为手动螺旋型安全扣和自动上锁型安全扣。

（a）梨形扣　（b）形扣　（c）半圆形扣

图 2-24　安全扣结构示意图

2. 挂钩

挂钩也是一种连接两个防护器材且必须经过两个步骤的联动操作才能开锁的承力件，图 2-25 所示是一种应用最广泛的通用型挂钩结构形状，主要由钩体、闸门及锁片组成。

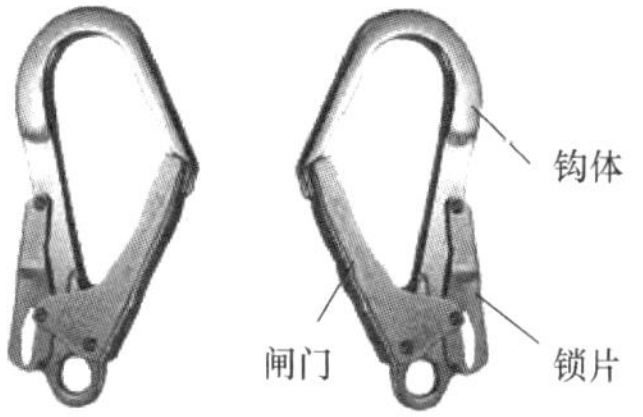

（a）挂钩结构

（b）挂钩使用

图 2-25 挂钩结构及使用示意图

3. 快挂

快挂是一种快速连接两个防护器材的承力件，其仅需一个操作动作就能开合闸门，如图 2-26 所示。

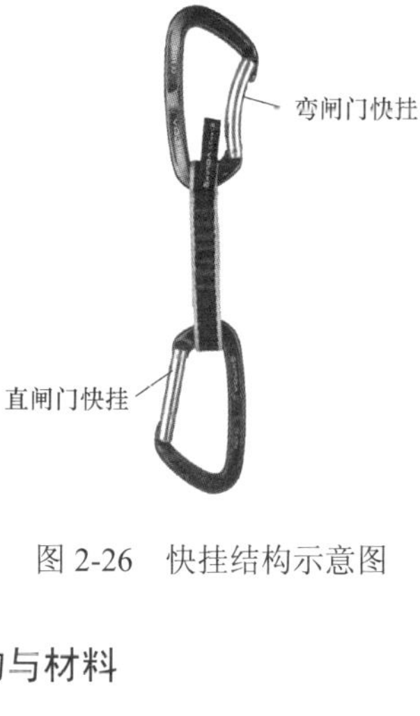

图 2-26 快挂结构示意图

二、连接器结构与材料

1. 安全扣

（1）手动螺旋型安全扣。手动螺旋型安全扣需要使用者手动开合开关闸，一般在无需经常开启安全扣的场合、泥泞或有冰雪的较肮脏环境中使用。手动螺旋型安全扣结构图如图 2-27 所示。

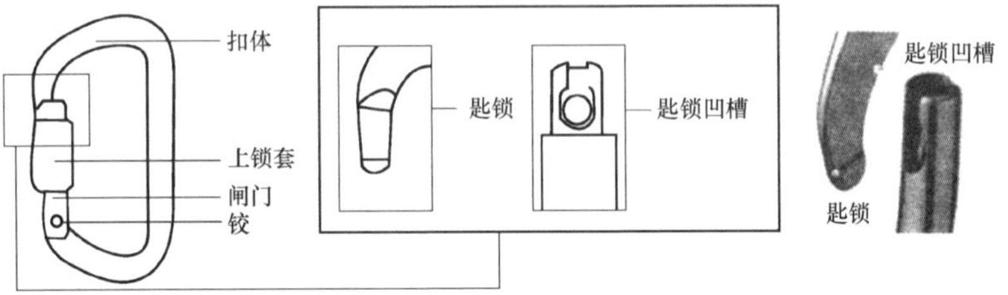

图 2-27　手动螺旋型安全扣结构图

手动螺旋型安全扣通过旋转上锁套，开启或闭合安全扣闸门，如图 2-28 所示。手动螺旋型安全扣有钢制和铝合金制造两种，几何尺寸、功能基本一致，但铝合金安全扣的质量仅为钢制安全扣的 1/3。一只高品质的手动螺旋型安全扣除了采用高强度铝合金锻压工艺制造外，更人性化的设计是有一明显的红色安全警告标识环，当看到红色环时，表示安全扣尚未锁紧，处于不安全状态，如图 2-29 所示。

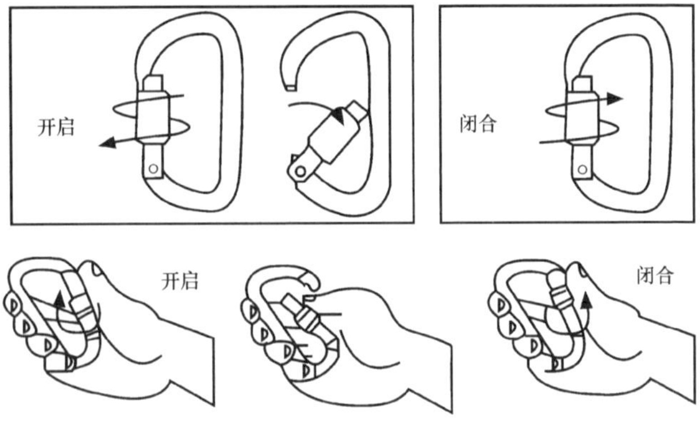

图 2-28　手动螺旋型安全扣开合操作示意图

图 2-29　红色安全警告标识环示意图

（2）自动上锁型安全扣。自动上锁型安全扣开关闸能自动上锁，有压旋式自动上锁型安全扣和推旋式自动上锁型安全扣两种结构形式，一般用于经常需要开启安全扣的场合。

1）压旋式自动上锁型安全扣，其结构图如图 2-30 所示。

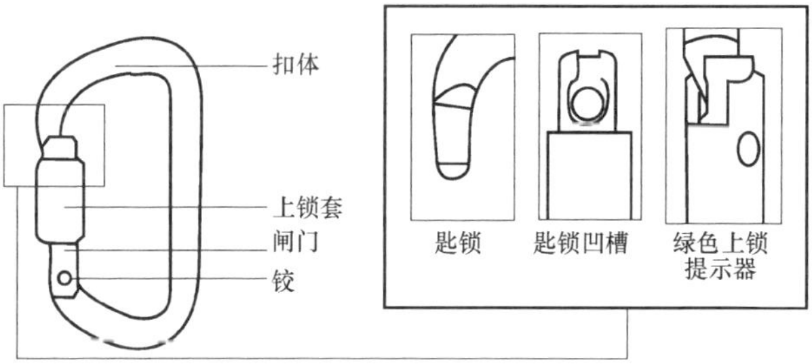

图 2-30　压旋式自动上锁型安全扣结构示意图

2）推旋式自动上锁型安全扣，其结构图如图 2-31 所示。

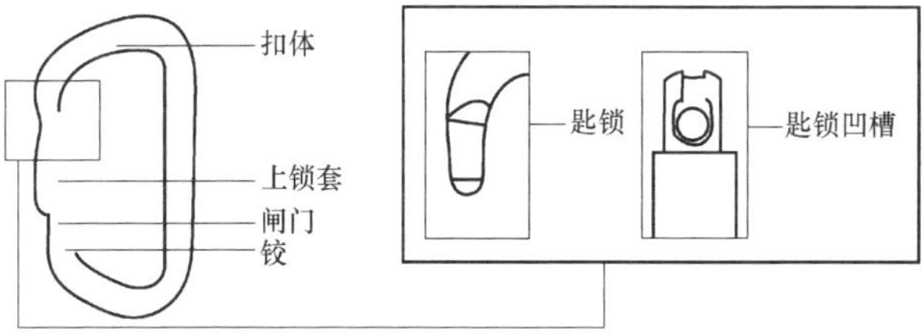

图 2-31　推旋式自动上锁型安全扣结构图

推旋式自动上锁型安全扣必须先上推再转动上锁套，才能开启闸门。

自动上锁型安全扣以高强度锻铝合金为主材料（90%～95%），

配一定量的钢制附件（如销柱、弹簧、扭簧等），属高端连接器，具有使用简便、自动上锁的特点，就算戴上手套也可用单手操作，其独特的两步骤解锁设计，大大降低了误操作概率，增强了安全性。

自动上锁型安全扣独特的自动上锁设计，增加了安全扣的零件数量，提高了零件的制作精度，增加了制作成本。且自动上锁型安全扣最好勿在肮脏的环境中使用，因这种环境里的污物（如泥、沙、油、冰及污水等）均会妨碍自动上锁系统的操作。往往会导致自动上锁系统无法可靠运作。

（3）安全扣的连接及承力。梨形、D 形及半圆形等不同结构形状的安全扣，其连接与承力的要求不同。

1）梨形、D 形安全扣，其连接及承力应遵循图 2-32 所示的方式。

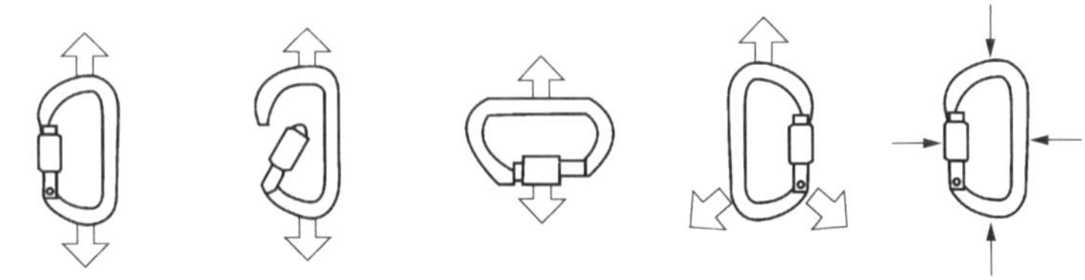

（a）正确 （b）闸门开启承力 （c）短轴方向承力 （d）三向承力 （e）环向受压

图 2-32 梨形、D 形安全扣连接及承力示意图

2）半圆形安全扣，其连接及承力应遵循图 2-33 所示的方式。

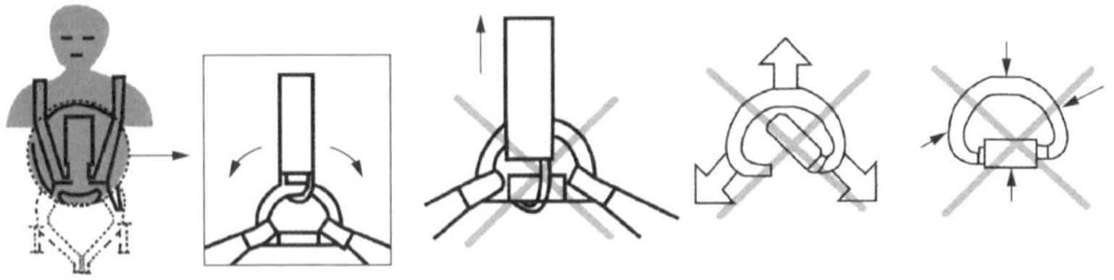

（a）正确 （b）闸门开启承力 （c）短轴方向承力 （d）三向承力 （e）环向受压

图 2-33 半圆形安全扣连接承力示意图

2. 挂钩

钩体可采用钢制件，采用锻压成型工艺生产的锻压钩体，其外

观圆润、手感好、强度高，但成本较高。采用冷冲压成型工艺生产的板型钩体，其结构简洁、强度高、成本低，但往往因工艺控制不够，造成钩体内外边缘锋利。如钩体的外边缘锋利，则容易伤及使用者，如钩体的内边缘锋利，则容易磨损连接的绳、带等器材。

高品质的钩体均选用高强度锻铝合金材料，采用热锻成型与时效处理的工艺生产，轻便耐用是其主要特性。闸门一般采用钢或铝薄板，冷冲压成型。

通用型挂钩其开合的操作为：用拇指压下锁片后，随即用四指握紧闸门，此时闸门开启，可钩套固定点，松开握紧的手，挂钩即闭合，如图 2-34 所示。

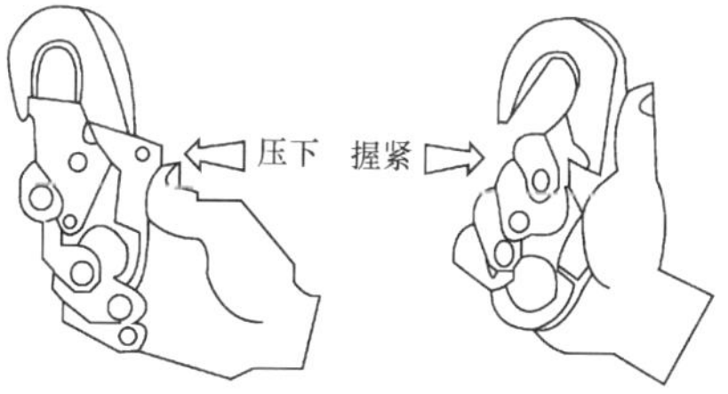

图 2-34　挂钩开合操作示意图

3. 快挂

快挂通常采用高强度铝合金材料，采用热整锻与时效处理工艺生产，一般多用于需频繁开启、闭合的场所（如户外攀岩、登山等运动）。高处作业时仅用快挂套绳索或挂一些小型器具，但切记不可用快挂连接安全带等承重类器材。

三、连接器技术要求

1. 连接器性能标识

如图 2-35 所示性能标识的含义如下。

（1）非对称型连接器：安全扣闸门闭合时，当长轴方向承受 25kN 的载荷时，安全扣应不破裂；当长轴方向承受 7kN 的载荷时，安全扣应不破裂。安全扣闸门开启时，当长轴方向承受 7kN 的载荷时，安全扣应不破裂。

（2）对称型连接器：半圆形安全扣闸门闭合时，当长轴方向承受 20kN 的载荷时，半圆形安全扣不应破裂；当三角方向承受 20kN 的载荷时，半圆形安全扣不应破裂；当短轴方向承受 15kN 载荷时，半圆形安全扣不应破裂；半圆形安全扣闸门开启时，当长轴方向承受 7kN 的载荷时，半圆形安全扣不应破裂。

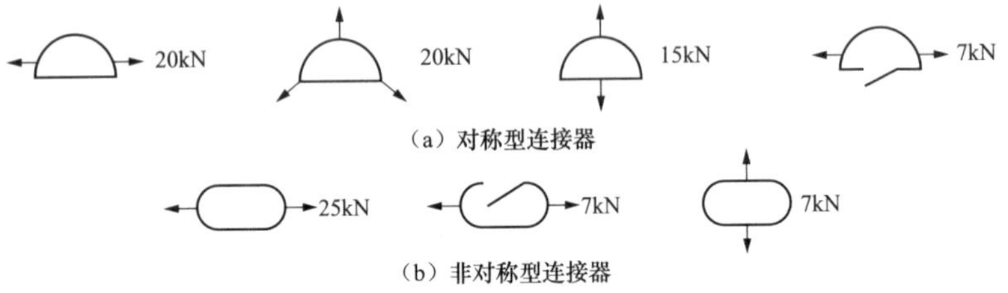

图 2-35　连接器破断力示意图

2. 连接器的质量要求

连接器的质量要求包括工艺、材料、防腐性、外观、操作性、静载荷性能、破坏载荷性能、闸门耐压性能、抗跌落性及耐候性等要求。

（1）工艺及材料。连接器的工艺及材料要求如下。

1）连接器应采用整锻方式制造（拍型挂钩除外）。

2）连接器的扣体、钩体、闸门、锁套及锁片等部件宜采用符合 GB/T 3190—2008《变形铝及铝合金化学成分》的相关规定且屈服强度不低于 300MPa 的锻铝材料；也可采用符合 GB/T 700—2006《碳素结构钢》和 GB/T 1591—2018《低合金高强度结构钢》的相关规定且屈服强度不低于 300MPa 的材料。

3）连接器中各类轴、销等部件应进行调质处理，硬度 HRC（35～45）。

（2）防腐性。连接器的金属表面应采取合适有效的方法进行防腐处理。

（3）外观。连接器应无棱角、毛刺，不得有裂纹、明显压痕和划伤等缺陷，其边缘应呈弧形且顺滑，应有明显的性能标识。

（4）操作灵活性。连接器应操作灵活，扣体钩舌和闸门的咬口应完整，两者不应偏斜，并设有保险装置，连接器应经过两次及以上的手动操作才能开锁。

（5）静载荷性能。连接器在闸门闭合状态下，承受不小于 15kN 的静载荷，保持 5min，应无肉眼可见的变形或损坏。

（6）破坏载荷性能。对称型连接器（半圆形安全扣）和非对称型连接器（梨形、D 形安全扣、挂钩、快挂等），在闸门闭合状态和开启状态下破坏载荷性能的要求不同。

四、连接器检查要求及使用注意事项

1. 检查要求

（1）连接器的类型、制造商标识、工作受力方向、强度（单位：kN）等永久标识清晰完整。

（2）连接器表面光滑，无裂纹、褶皱，边缘圆滑无毛刺，无永久性变形和活门失效等现象。

（3）连接器应操作灵活，扣体钩舌和闸门的咬口应完整，两者不得偏斜，应有保险装置，经过两个及以上的动作才能打开。

（4）活门应向连接器锁体内打开，不得松旷，同预定打开水平面倾斜不得超过 20°。

2. 使用注意事项

（1）有自锁功能的连接器活门关闭时应自动上锁，在上锁状态下必须经两个以上动作才能打开。

（2）手动上锁的连接器应确保必须经两个以上动作才能打开，有锁止警示的连接器锁止后应能观测到警示标志。

（3）使用连接器时，受力点不应在连接器的活门位置。

（4）不应多人同时使用同一个连接器作为连接或悬挂点。

第五节　缓　冲　器

一、缓冲器作用与分类

缓冲器俗称缓冲包，基本结构形式如图 2-36 所示，其基本原理十分简单，利用撕开缝制的织带来吸收下坠的动力。有实验证明，与无缓冲器的坠落对比，使用一个缓冲器可减少约 25%的冲击力并延缓冲击的作用过程。缓冲器可根据带体的释放长度分成 I 型或 II

型，但实际使用时高处作业人员往往无法知晓空间尺寸或作业位置的移动性，大多数情况下以Ⅱ型缓冲器为主，Ⅱ型缓冲器中分为配单根保护绳的单联缓冲器、配双根保护绳的双联缓冲器两种形式，下面将重点介绍这两种缓冲器。

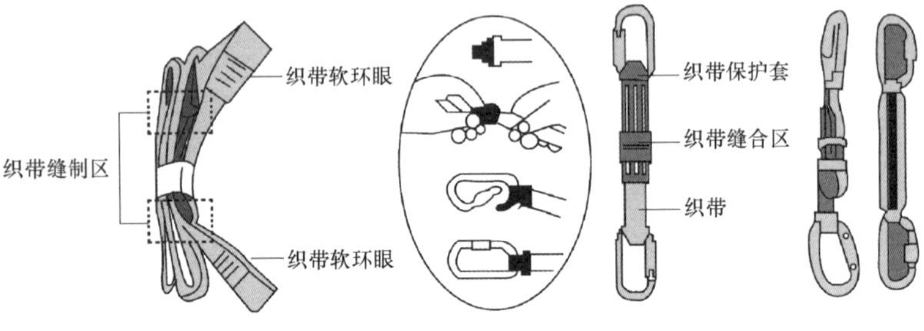

图 2-36　缓冲器制作工艺示意图

二、缓冲器结构与材料

1. 单联缓冲器

单联缓冲器是用一根不可调式保护绳（若与坠落悬挂安全带配套则俗称安全绳）通过连接器与缓冲器配套，如图 2-37 所示。

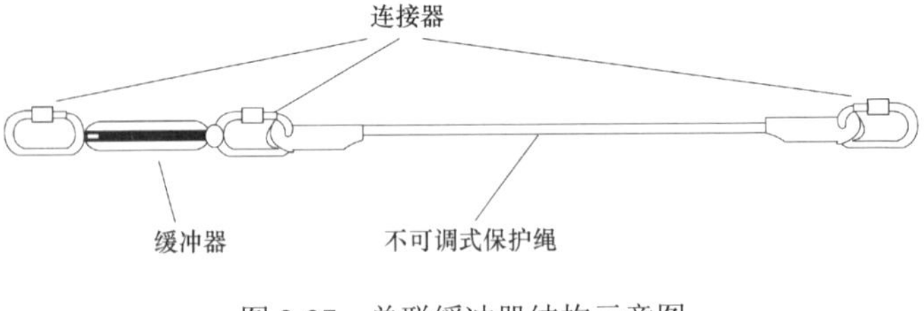

图 2-37　单联缓冲器结构示意图

高处作业时，穿戴坠落悬挂安全带，将单联缓冲器的一端（靠近缓冲器的一端）扣入安全带的前胸或后背悬挂环中，另一端挂在某固定点，如图 2-38 所示。

2. 双联缓冲器

双联缓冲器是用两根不可调式保护绳通过可拆卸式圆环与缓冲器配套，如图 2-39 所示。该圆环配有一可拆卸的衬圈，移开衬圈，可将保护绳套入圆环，再插入衬圈，旋入销钉即可。

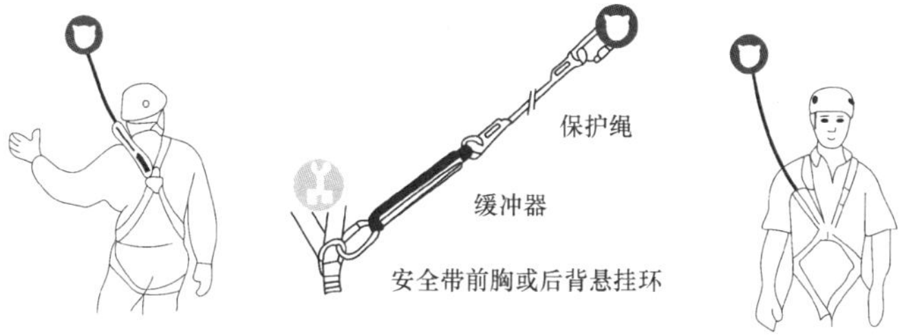

图 2-38 单联缓冲器应用示意图

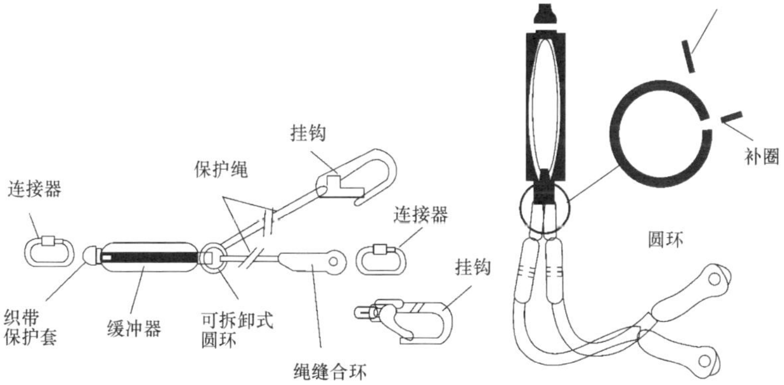

图 2-39 双联缓冲器结构示意图

高处作业时，穿戴坠落悬挂安全带，将双联缓冲器的一端（靠近缓冲器的一端）扣入安全带的前胸悬挂环中，另一端双钩交叉挂在某固定物（如水平安全拉线）上，以保持高处作业移动时始终处于安全保护状态，如图 2-40 所示。

三、缓冲器技术要求

缓冲器的技术要求包括缓冲器的尺寸及质量、静载荷要求、释放载荷要求、破坏载荷要求及缝制要求等。

1. 尺寸及质量

缓冲器的成品长度一般控制在 200～300mm，释放后的带体长度一般控制在 450～1500mm，质量一般控制在 50～100g。高品质的缓冲器往往是成品长度短、质量轻。目前，有一些缓冲器未采用热塑材料将缝制的织带塑封，而选用两块对称的塑料盒将缝制的织带封住，使缓冲器的质量达到 120g 以上。

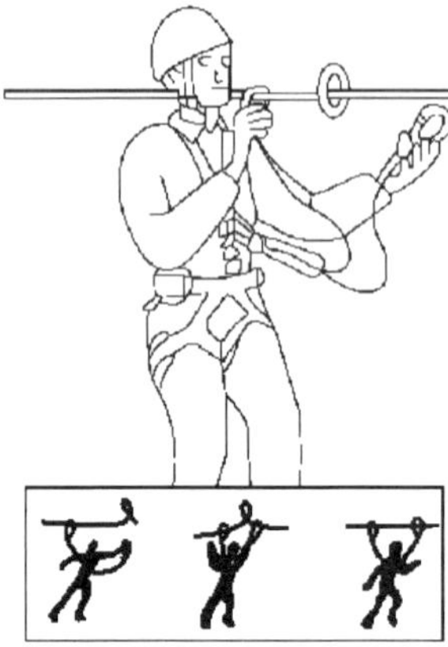

图 2-40　双联缓冲器应用示意图

2. 静载荷要求

缓冲器在承受 2.5kN 负荷时，缝合区应无缝线绷裂、织带变形等现象，如图 2-41（a）所示的静载荷要求。

3. 释放载荷要求

当缓冲器受到的冲击负荷 2.5kN$<F\leqslant$6kN 时，缓冲器内缝合区的缝线应逐一连续崩裂，释放织带，如图 2-41（b）所示为释放载荷要求。

4. 破坏载荷要求

当缓冲器释放后，织带应能继续承受不大于 22kN 负荷，如图 2-41（c）所示的破坏载荷要求。

5. 缝制要求

缓冲器的缝制要求与“织带的缝合”要求相同。织带缝合所用的缝合线原材料通常与织带的原材料相同（特殊情况时采用高于织带强度的其他材料），并由缝纫机进行加工。

织带的缝合针脚不应接触和影响织带的边缘（除非织带有牢固环眼的加强措施），缝合线的针脚应穿过织带需要共同缝纫的部分，针脚应平整光滑，织带表面无多余线圈。织带的断口应采取适当措施防止织带散开。加热处理的断口不应损坏相邻的针脚，不应对加热处理的断口再进行缝合。

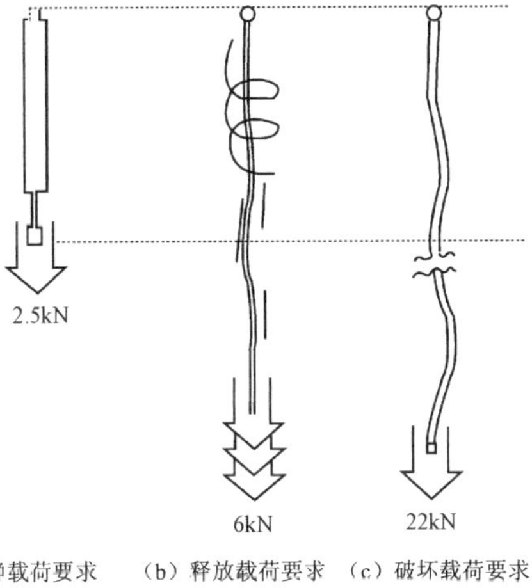

图 2-41　缓冲器机械性能要求示意图

对缓冲器来说，织带的缝合技术是整体技术中最关键的技术。用什么线、缝线密度、缝线走向等决定了缓冲器的静载荷和释放载荷值。

四、缓冲器预防性试验内容及要求

缓冲器预防性试验项目为静负荷试验，试验项目、周期和要求见表 2-4。

表 2-4　　缓冲器预防性试验项目、周期和要求

项　目	周　期	要　求
静负荷试验	1 年	以不大于 100mm/min 静拉力施加至 1200N，持续时间 5min，卸载后无变形或破断

缓冲器静负荷试验连接形式与安全带静负荷试验连接形式相同，试验过程中施加的静拉力持续时间和拉伸速度依照表 2-4 进行。

五、缓冲器检查要求及使用注意事项

1. 检查要求

（1）产品名称、标准号、产品类型（I 型、II 型）、最大展开长度、制造厂名及厂址、产品合格标志、生产日期（年、月）及有效期、法律法规要求标注的其他内容等永久标识清晰完整。

（2）缓冲器所有部件应平滑，无材料和制造缺陷，无尖角或锋利边缘。

（3）织带型缓冲器的保护套应完整，无破损、开裂等现象。

2. 使用注意事项

（1）使用时应认真查看缓冲器防护范围及防护等级。

（2）缓冲器与安全绳及安全带配套使用时，作业高度要足以容纳安全绳和缓冲器展开的安全坠落空间。

（3）缓冲器禁止多个串联使用。

（4）缓冲器与安全带、安全绳连接应使用连接器，严禁绑扎使用。

第六节　收放型防坠器

一、收放型防坠器作用及分类

收放型防坠器的工作原理：防坠器悬挂于高处，作业时可随意拉出带索使用。当人体坠落时，可利用速度的变化进行内部自锁并迅速制动，它类似于汽车安全带（乘客可小幅度的移动、快速大幅度的位移被限制）的保护原理。收放型防坠器主要分为收放型钢丝绳防坠器和收放型织带防坠器。

下面主要介绍收放型钢丝绳防坠器、收放型织带防坠器的基本结构及材质、基本性能、试验要求等。

二、收放型防坠器基本结构及材料

1. 收放型钢丝绳防坠器

收放型钢丝绳防坠器主要由壳体、棘轮、棘轮主轴、棘轮罩、卷簧、双止键、拉簧、出线口保护环及钢丝绳等基本部件构成，其基本结构剖面如图 2-42 所示。

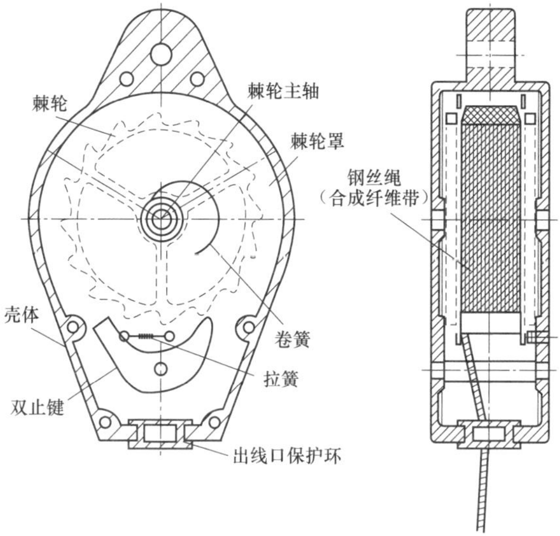

图 2-42　收放型钢丝绳防坠器基本剖面图

收放型钢丝绳防坠器原则上高挂低用，使用时吊绳作业人员只需要将防坠器上的连接绳固定在作业上方坚固钝边的结构物上，再将防坠器钢丝绳上的挂钩扣入作业者安全带背部的连接环上即可使用，若作业者发生坠落，防坠器会利用人体下坠速度差进行自控。如图 2-43 所示，收放型钢丝绳防坠器在使用半径范围内，不需更换悬挂点。

正常使用时，钢丝绳将随人体自由伸缩，在防坠器内机构作用下，处于半紧张状态，使作业人员无牵挂感。万一失足坠落，钢丝绳拉出速度明显加快，防坠器内的锁止系统会自动锁止，锁止稳定，安全系数高，可靠性好，对失足人员毫无伤害。负荷解除即自动恢复工作，工作完毕钢丝绳将自动回收到防坠器内，便于携带。收放型钢丝绳防坠器适用于输电线路施工检修及电厂钢结构施工等高处作业的保护。

2. 收放型织带防坠器

收放型织带防坠器与收放型钢丝绳防坠器的最关键差异是：前者用高强度人造纤维织带替代后者的钢丝绳，如图 2-44 所示。

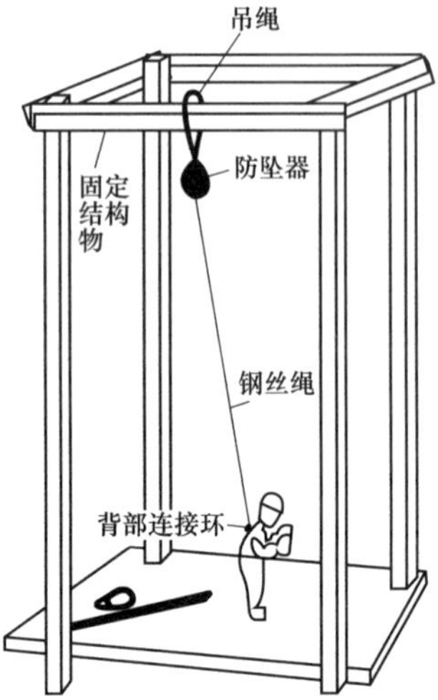

图 2-43　收放型钢丝绳防坠器使用示意图

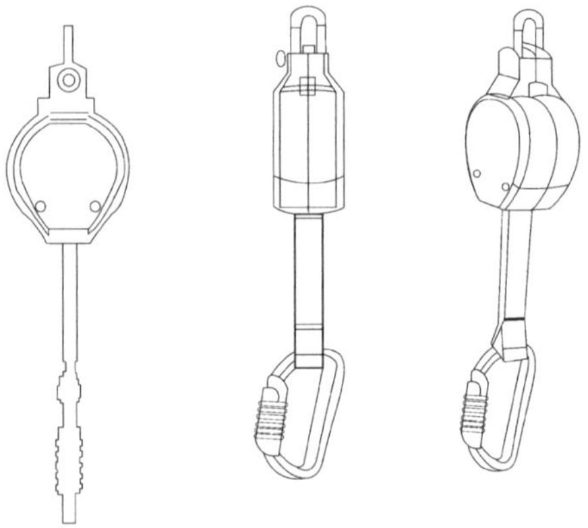

图 2-44　收放型织带防坠器示意图

主部件材料的变更，使收放型织带防坠器的基本结构及零部件有所变化，如图 2-45 所示，为收放型织带防坠器的装配图。

收放型织带防坠器使用方法基本上与收放型钢丝绳防坠器相同，如图 2-46 所示，使用时作业者只需要将防坠器上的连接器连接在作业上方的某固定点上即可。

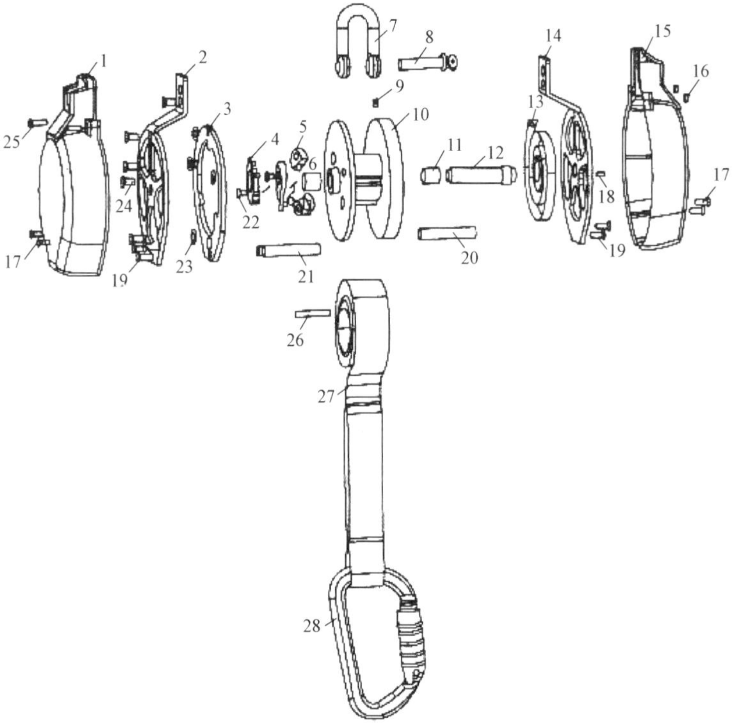

图 2-45　收放型织带防坠器装配图

1—左壳体；2—左支架；3—棘轮；4—限位块；5—止转齿；6—拉簧；7—挂环；8—横销；9—卷簧销；10—芯体；11—铜轴套；12—主轴；13—卷簧；14—右支架；15—右壳体；16—螺母；17、19、25—螺栓；18—轴销；20—支撑销 A；21—支撑轴 B；22—固定限位块螺栓；23—垫片；24—铆钉；26—织带卡轴；27—织带；28—连接器

收放型织带防坠器作业半径一般在 3.5m 以内，其工作原理与收放型钢丝绳防坠器相同。收放型织带防坠器具有质量轻、缓冲性能好、携带方便等特点，适用于变电站、输配电线路检修等登高作业的保护。

3. 收放型防坠器材料的基本要求

（1）收放型防坠器所用螺栓性能等级应为 6.8 级及以上，螺母性能等级应为 6 级及以上，热镀锌后的机械性能应符合 GB/T

3098.1—2010《紧固件机械性能　螺栓、螺钉和螺柱》和 GB/T 3098.2—2015《紧固件机械性能　螺母》的相关规定，不锈钢材料的机械性能应符合 GB/T 3098.6—2016《紧固件机械性能 不锈钢螺栓、螺钉和螺柱》和 GB/T 3098.15—2014《紧固件机械性能 不锈钢螺母》的相关规定，弹簧垫圈应符合 GB/T 94.1—2008《弹性垫圈技术条件　弹簧垫圈》的相关规定。

图 2-46　收放型织带防坠器应用示意图

（2）收放型防坠器及附件所用弹簧部件宜采用符合 GB/T 699—2015《优质碳素结构钢》、GB/T 3077—2015《合金结构钢》规定的 65Mn、70Mn 及 60S2Mn 等材料。

（3）收放型防坠器及附件所用各类轴、销、键等部件宜采用屈服强度不低于 345MPa 的材料，并符合 GB/T 699—2015《优质碳素结构钢》、GB/T 1591—2018《低合金高强度结构钢》或 GB/T 1220—2007《不锈钢棒》的相关规定，应进行调质处理，硬度 HRC35～HRC45。

（4）连接绳、缓冲器所用编织绳或带应符合 GB 6095—2009《安全带》的规定，使用锦纶、高强涤纶、蚕丝等材料。

（5）除收放型防坠器的棘轮外，其余受力部件不应采用铸造方式制造。

（6）收放型防坠器及连接器的金属表面应进行防腐处理，防坠器内置的钢丝绳及各类紧固件应采取热锌的方法防腐（不锈钢丝绳及不锈紧固件除外），所有塑料件应具有良好的防老化性能。

三、收放型防坠器技术要求

（1）收放型防坠器及附件边缘应呈圆弧形，应无目测可见的凹凸等痕迹，壳体为金属材料时，所有铆接面应平整、无毛刺、裂纹等缺陷。壳体为工程塑料时，表面应无气泡、开裂等缺陷。

（2）收放型防坠器及附件的标志应清晰且永久，各部件应完整无缺，无锈蚀及破损。

（3）收放型防坠器内置的钢丝绳，其各股应绞合紧密，不应有叠痕、突起、弯折、压伤、错乱交叉、灼伤及断股的钢丝，收放型防坠器内置的合成纤维带应柔软、耐磨，其表面、边缘、软环处应无擦破、割断或灼烧等损伤。

（4）连接绳（带）应质地均匀、柔软、耐磨；绳中各股应绞合紧密，不应有错乱交叉、灼烧及断股等损伤；带体应为复合堆积，统一编织，不应有切口、灼伤及断丝等损伤。

（5）连接器边缘应呈圆弧形，应无棱角、毛刺，不应有裂纹、明显压痕和划伤等缺陷。

（6）收放型防坠器典型结构和主要零部件示意图如图 2-47 所示。收放型防坠器的典型结构包括如下三种。

图 2-47　收放型防坠器示意图

1）收放型防坠器内置的钢丝绳，绳端环部接头宜采用铝合金套管压接方式，套管壁厚应不小于 3mm，长度应不小于 20mm，钢丝绳直径应不小于 5mm。

2）收放型防坠器内置的合成纤维带，带体两端环部接头应采用缝合方式，缝合末端会缝应不少于 13mm，且应增加一道十字或川字缝合线，缝线应采用与织带无化学反应的材料，颜色与织带应有区别。

3）收放型防坠器的出线口应设置避免钢丝绳或合成纤维带磨损的保护措施，防坠器顶端挂点或钢丝绳末端连接器应有可旋转装置。

四、收放型防坠器预防性试验内容及要求

收放型防坠器预防性试验主要是空载动作试验，试验项目、内容及要求见表 2-5。

表 2-5　　静载荷试验和空载动作试验要求

项　目	周期	要　　求
空载动作试验	1 年	拉出的钢丝绳（或合成纤维带）卸载或锁止卸载后，即能自动回缩，无卡绳（或卡带）现象

空载动作试验：将收放型防坠器钢丝绳（或合成纤维带）在其全行程中任选 5 处，进行拉出、制动试验。卸载或锁止卸载后，能自动回缩，不应有卡绳（或卡带）现象。

五、收放型防坠器检查要求及使用注意事项

1. 检查要求

（1）产品名称及标记、标准号、制造厂名、生产日期（年、月）及有效期、法律法规要求标注的其他内容等永久标识清晰完整。

（2）收放型防坠器的各部件完整无缺失、无伤残破损，外观应平滑，无材料和制造缺陷，无毛刺和锋利边缘，如图 2-47 所示。

（3）钢丝绳收放型防坠器的钢丝应均匀合紧密，不得有叠痕、突起、折断、压伤、锈蚀及错乱交叉的钢丝；织带速差器的织带表面、边缘、软环处应无擦破、切口或灼烧等损伤，缝合部位无崩裂现象。

（4）收放型防坠器的安全识别保险装置［坠落指示器（如有）］应未动作。

（5）用手将收放型防坠器的安全绳（带）进行快速拉出，速差

自控器应能有效制动并完全回收。

（6）使用时应检查坠落指示器是否正常。

2. 使用注意事项

（1）使用时应认真查看收放型防坠器防护范围及悬挂要求。

（2）收放型防坠器应系在牢固的物体上，禁止系挂在移动或不牢固的物件上。不得系在棱角锋利处。收放型防坠器栓挂时严禁低挂高用。

（3）收放型防坠器应连接在人体前胸或后背的安全带挂点上，移动时应缓慢，禁止跳跃。

（4）禁止将收放型防坠器锁止后悬挂在安全绳（带）上作业。

第七节 导向型防坠器

一、导向型防坠器作用及分类

防坠器可随作业者的移动沿轨道或导索的内或外表面滑动，当作业者坠落时，即利用杠杆原理自动卡锁轨道或导索并迅速制动，防止发生坠落事故。

导向型防坠器主要分为轨道型防坠器和导索型防坠器两类。

二、导向型防坠器结构及材料

轨道型防坠器（也称带刚性导轨的自锁器或刚性导轨防坠器）。目前轨道型防坠器的结构形式目前有十余种，下面主要介绍输电线路型钢轨道型防坠器。

1. 型钢轨道型防坠器

（1）基本结构。型钢轨道型防坠器的轨道是一根型钢，按横截面形状可分为仿工字型钢、T 字型钢或槽型钢，但大多数是仿工字型钢。仿工字型钢轨道型防坠器，其基本结构如图 2-48 所示，由壳体、前侧轮、前顶轮、后导向轮、横销及卡板组成。

（2）工作原理。仿工字型钢轨道型防坠器工作原理：一根沿杆塔主材铺设的仿工字型钢轨道，作业者先用短连接绳（系于前胸的连接绳长度不应大于 0.4m，系于背部的连接绳长度不应大于 0.8m）的一端通过连接器扣入防坠器的卡板圆挂环内，另一端通过连接器

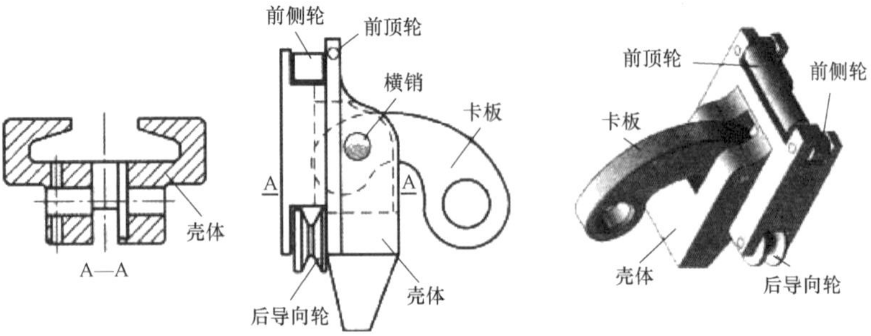

图 2-48　仿工字型刚轨道型防坠器基本结构示意图

扣入作业者安全带前胸连接环，再将防坠器套入仿工字型钢轨道。作业者沿杆塔上下平稳移动时，连接绳牵引卡板圆挂环处向上翘起，造成卡板头部凸轮外边缘与轨道表面间存在一定的间隙，使防坠器紧随着作业者沿轨道表面滑动，若作业者失足坠落，此时在重力牵引下连接绳拉动卡板圆挂环处向下，使卡板凸轮外边缘紧靠轨道表面并产生剧烈摩擦，即利用杠杆原理自动卡锁轨道并迅速制动，如图 2-49 所示。

图 2-49　仿工字钢轨道型防坠器制动示意图

为保证防坠器能随作业者平稳上下及紧急状态时能有效制动，此类防坠器连接绳均设计成 300mm 左右，连接绳过短将影响作业者在轨道上移动，连接绳过长将影响防坠器的正常上下行，严重时影响坠落制动。

为保证防坠器能随作业者上下左右的更换作业位置，可在其轨道转向位置安装转向器，如图 2-50 所示。

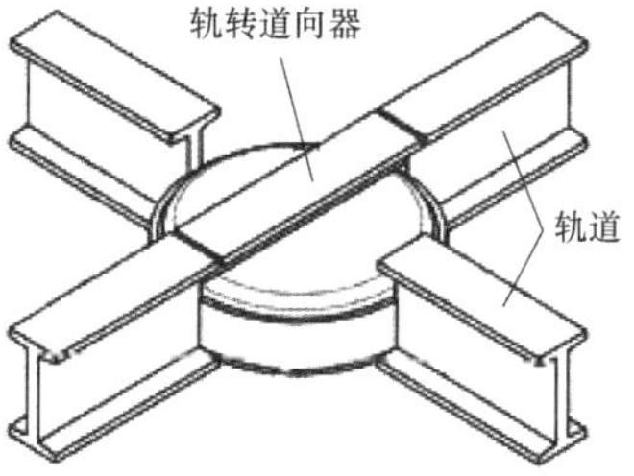

图 2-50　轨道转向器示意图

2. 其他型钢轨道型防坠器

（1）T 型钢轨道型防坠器。T 型钢轨道型防坠器是一款沿 T 型轨道纵向上下双卡板制动防坠器，如图 2-51 所示。

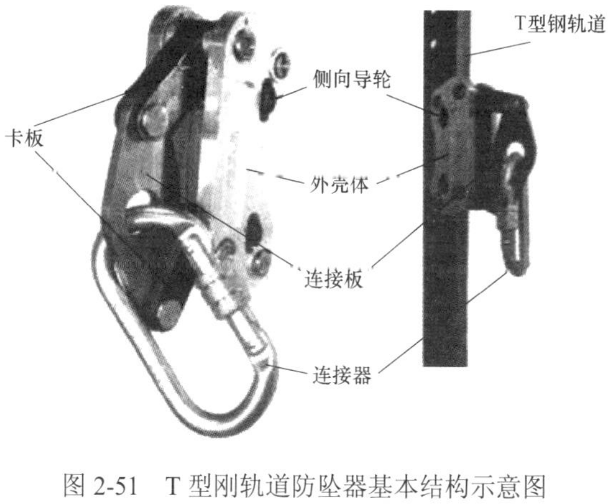

图 2-51　T 型刚轨道防坠器基本结构示意图

（2）内沟槽型钢轨道型防坠器。内沟槽型钢轨道型防坠器是一款框体为全铝合金、采用左右平行双卡板制动的防坠器，如图 2-52 所示。

（3）带方孔轨道型防坠器。带方孔轨道型防坠器的轨道上分布有按一定距离均匀排布的方形小孔，防坠器内部有一机芯，机芯内有与轨道啮合的十字轮、阻尼器、限速弹簧、齿轮等，结构较为复杂，如图 2-53 所示。

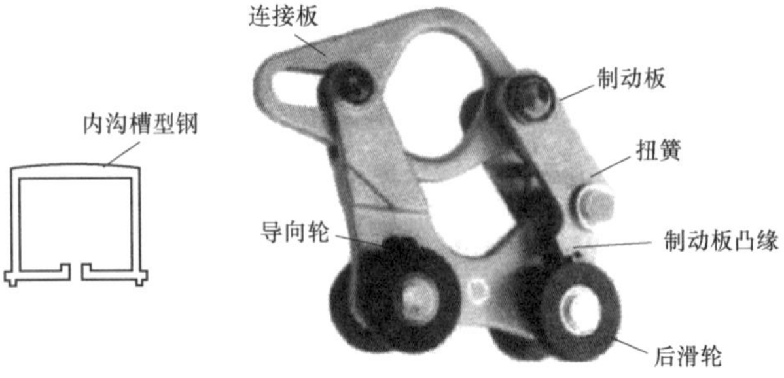

图 2-52　内沟槽型钢轨道型防坠器基本结构示意图

图 2-53　带方孔轨道型防坠器

导向型防坠器材料的基本要求与收放型防坠器材料的基本要求相同，在此不再详细说明。

三、导向型防坠器技术要求

（1）导向型防坠器及附件边缘应呈圆弧形，应无目测可见的凹凸等痕迹，壳体为金属材料时，所有铆接面应平整，无毛刺、裂纹等缺陷，壳体为工程塑料时，表面应无气泡、开裂等缺陷。

（2）导向型防坠器及附件的标志应清晰且永久，各部件应完整无缺，无锈蚀及破损。

（3）连接绳（带）应质地均匀、柔软、耐磨，绳中各股应绞合紧密，不应有错乱交叉、灼烧及断股等损伤，带体应为复合堆积，统一编织，不应有切口、灼伤及断丝等损伤。

（4）连接器边缘应呈圆弧形，应无棱角、毛刺，不应有裂纹、明显压痕和划伤等缺陷。

（5）导向型防坠器各部件应连接牢固，有防松动措施，应保证在作业中不松脱。

四、导向型防坠器预防性试验内容及要求

导向型防坠器预防性试验项目主要是静负荷试验。试验项目、周期及要求见表 2-6。

表 2-6 静载荷试验和空载动作试验要求

项　目	周期	要　　求
静负荷试验	1 年	施加 2205N 静拉力，持续时间 5min，卸载后无变形或破断

静载荷试验：将导向型防坠器按工作状态安装，导向型防坠器静载荷试验示意图如图 2-54 所示，对导向型防坠器沿垂直方向施加 2205N 的静载荷，保持 5min，不应出现金属件碎裂、连接器开启、绳断、导轨严重变形等现象，卸载后，导向型防坠器应能正常解锁，顺畅滑动，并能正常锁止。

五、导向型防坠器检查要求及使用注意事项

1. 检查要求

（1）产品合格标志、标准号、产品名称及型号规格、生产单位名称、生产日期及有效期限、正确使用方向的标志、最大允许连接绳长度等永久标识清晰完整。

（2）导向型防坠器各部件完整无缺失，本体及配件应无目测可见的凹凸痕迹。本体为金属材料时，无裂纹、变形及锈蚀等缺陷，所有铆接面应平整、无毛刺，金属表面镀层应均匀、光亮，不允许有起皮、变色等缺陷；本体为工程塑料时，表面应无气泡、开裂等缺陷。

（3）导向型防坠器上的导向轮应转动灵活，无卡阻、破损等缺陷。

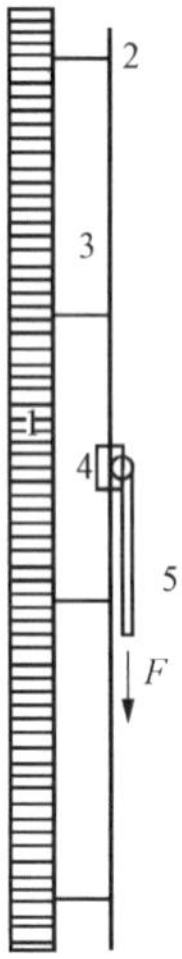

图 2-54 刚性导轨防坠器静载荷试验示意图

1—固定结构；2—刚性导轨；3—固定支架；4—刚性导轨防坠器；5—连接绳

（4）导向型防坠器整体不应采用铸造工艺制造。

2. 使用注意事项

（1）使用时应查看导向型防坠器安装箭头，正确安装导向型防坠器。

（2）在导轨（绳）上手提自锁器，导向型防坠器在导轨（绳）上应运行顺滑，不应有卡住现象，突然释放导向型防坠器，应能有效锁止在导轨（绳）上。

（3）导向型防坠器与安全带之间的连接绳不应大于 0.5m，导向型防坠器应连接在人体前胸或后背的安全带挂点上。

（4）禁止将导向型防坠器锁止在导轨（绳）上作业。

第三章

登 高 工 器 具

登高工器具是用于登高作业、临时性高处作业的工具。具体包括脚扣、升降板（登高板）、梯子、软梯、检修平台等，本章将重点介绍登高工器具作用、分类、预防性试验内容等。

第一节 脚 扣

一、脚扣作用及分类

脚扣主要有水泥杆脚扣和木杆脚扣，又分三角管脚扣和圆管脚扣。木杆脚扣一般用于电力、邮电线路混凝土杆或钢管塔登高用。水泥杆脚扣一般用于电力、邮电线路水泥杆登杆。

脚扣一般采用高强无缝管制作，经过热处理，具有质量轻、强度高、韧性好、可调性好、轻便灵活、安全可靠、携带方便等优点，是电工攀登不同规格的水泥杆或木质杆的理想工具。水泥杆脚扣、双保险围杆安全带选用精密优质材料制作，使用方便灵活、安全可靠。脚扣示意图如图 3-1 所示。

脚扣使用时利用杠杆作用，借助人体自身重力，使另一侧紧扣在电线杆上，产生较大的摩擦力，从而使人易于攀登。而抬脚时因脚上承受重力减小，扣自动松开，此为力学中的自锁现象。

二、脚扣预防性试验内容及要求

1. 试验项目、周期和要求

试验项目、周期和要求见表 3-1。

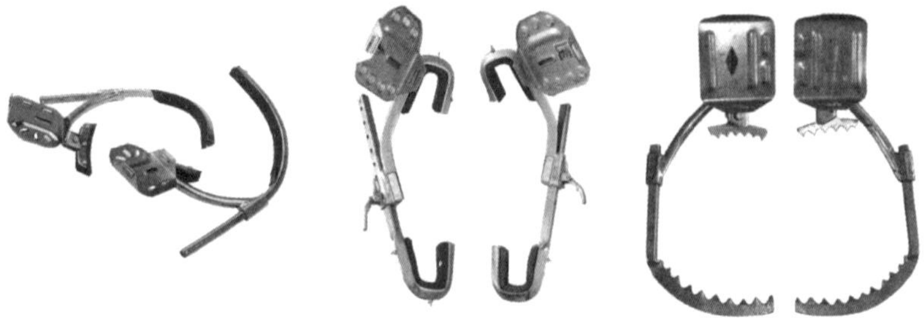

图 3-1　脚扣示意图

表 3-1　　　　试验项目、周期和要求

序号	项目	周期	要　求
1	整体静负荷试验	1 年	施加 1176N 静压力，持续时间 5min，卸载后活动钩也符合外观检查要求，其他受力部位无影响正常工作的变形和其他可见的缺陷
2	扣带强力试验	1 年	施加 90N 静拉力，持续时间 5min，卸载后不应出现织带撕裂、金属件明显变形、扣合处明显松脱等现象

2. 试验方法

（1）整体静负荷试验。

1）脚扣安放在模拟的等径杆上，如图 3-2 所示。

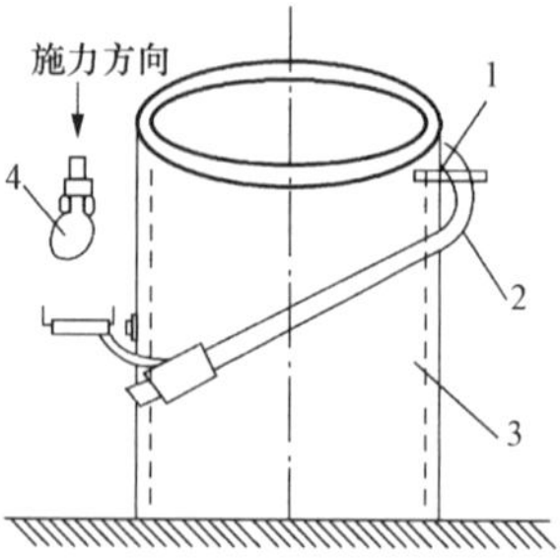

图 3-2　登杆脚扣整体经负荷试验示意图

1—限位装置；2—登杆脚扣；3—模拟电杆；4—鞋模

2）踏盘采用拉力试验机加静压力，按表 3-1 的要求进行。

（2）扣带强力试验。

1）按正常使用时的长度和方式扣合后，装夹在拉力试验机上，装夹方法如图 3-3 所示。

2）加载速度为（100±5）mm/min，保载过程观察试样状态。

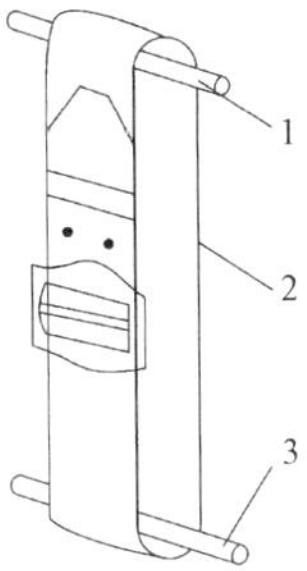

图 3-3 登杆脚扣扣带强力试验试样装夹方法示意图

1—上夹具销轴；2—扣带；3—下夹具销轴

三、脚扣检查要求及使用注意事项

1. 检查要求

（1）检查脚扣金属母材及焊缝应无任何裂纹及可目测到的变形，各焊接点是否牢固，金属部分变形和绳（带）损伤者禁止使用。

（2）检查脚扣橡胶防滑块（套）应完好无破损，各螺栓紧固无松动。

（3）检查防滑胶皮有无破裂老化，小爪连接应牢固，活动应灵活。

（4）检查脚扣系拌有无损伤，皮带应完好、无霉变、裂缝或严重变形。

（5）检查脚扣有无试验合格证，是否在有效试验合格期内。

2. 使用注意事项

（1）使用前，必须对脚扣进行单腿冲击试验，登杆前在杆根处用力试登，判断脚扣是否有变形和损伤。方法是将脚扣挂于离地高约 300mm 处，单脚站立于脚扣上，用自身重量向下冲击，检查脚扣的机械强度是否完好可靠，防滑胶皮是否可靠。

（2）攀登时，必须全过程系安全带。

（3）登杆前应将脚扣登板的皮带系牢，登杆过程中应根据杆径粗细随时调整脚扣尺寸。在攀登锥形杆时，要根据杆径调整脚扣至合适位置，使用脚扣防滑胶皮可靠地紧贴于电杆表面。

（4）特殊天气使用脚扣和登高板应采取防滑措施。严禁从高处往下扔摔脚扣。

第二节　登　高　板

登高板又称升降板、踏板或三角板，是攀登电杆的登高工器具。

一、登高板的作用及分类

根据绳索的材质可分为白棕绳登高板、尼龙绳登高板和麻绳登高板。它由脚踏板、吊绳及挂钩组成，如图 3-4 所示，适用于攀登圆形杆柱等作业。

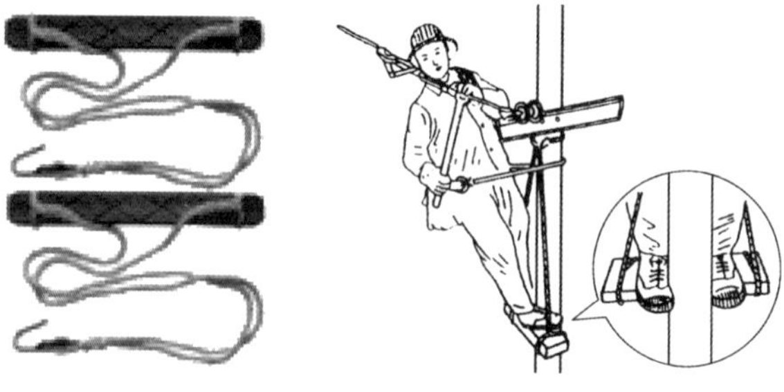

图 3-4　登高板结构及使用示意图

二、登高板预防性试验内容及要求

1. 试验项目、周期和要求

试验项目、周期和要求见表 3-2。

2. 试验方法

静负荷试验时将登高板安放在拉力机上，加载速度应缓慢均匀，如图 3-5 所示。

表 3-2　　　　登高板的试验项目、周期和要求

项目	周期	要　求
静负荷试验	半年	施加 2205N 静压力，持续 5min，卸载后围杆绳无破断、撕裂，钩子无变形，踏板无损伤

三、登高板检查要求及使用注意事项

1. 检查要求

（1）登高板上的各标识齐全、结构完整，预防性试验在试验周期内。

（2）钩子无裂纹、变形和严重锈蚀，心形环完整、下部有插花，绳索无断股、霉变或严重磨损。

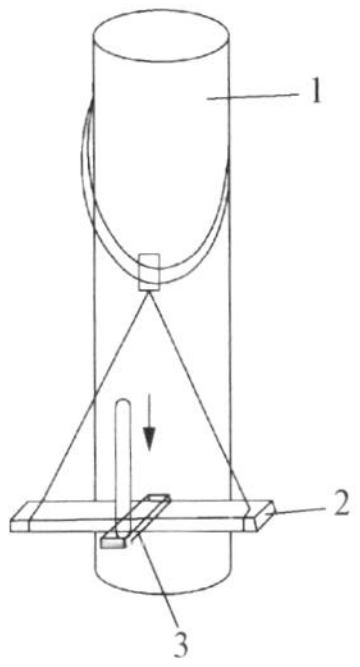

图 3-5　登高板静负荷试验示意图

1—模拟电杆；2—登高板；3—压力板

（3）踏板防滑花纹清晰完整。

（4）绳扣接头每绳股连续插花不少于 4 道，绳扣与踏板间套接紧密。

2. 使用注意事项

（1）冲击试验。左手握绳、右手持钩，从电杆背面绕到正面，挂钩朝上挂好登高板，使踏板离地 150～200mm。双手抱住电杆，双脚踩板，人体做向下冲击试验，踏板可靠、无下滑。两只登高板均要做冲击试验。

（2）将一只登高板背在身上（钩子朝电杆面，木板朝人体背面），另一只登高板在电杆适当位置（使踏板处于大腿部）挂稳，右手收紧（围杆）绳子并抓紧上板两根板绳。左手压紧踏板左端部，右脚登在板上，左脚绕到左边绳前侧绞紧板绳上板。

（3）同样方法挂好第二板后，右脚上板，左脚离开下板，登在杆上。右腿膝肘部从外侧扳紧右边绳子，向左侧身、左手握住下板

挂钩处两根板绳，脱钩取板。左脚上板绞紧左边绳，依次交替进行完成登杆。

（4）下杆时，在大腿部对应杆身上挂板。

（5）左手握住上板左边绳，右手握上板两根板绳。抽出左腿，侧身、左手压登高板左端部，左脚蹬在电杆上，右腿膝肘部扳紧绳子并向外顶出，使上板离开电杆靠近左大腿。

（6）左手松出，在下板挂钩 100m 左右处握住板绳，左右摇动使其顺杆下落，同时左脚下滑至适当位置蹬杆，定住下板绳。

（7）左手握住上板左边绳，右手松出左边绳、只握右边绳双手下滑，同时右脚离开上板、踩实下板。左腿绞紧左边绳，踩下板。

（8）左手扶杆，右手握住上板，向上晃动松下上板，挂下板，依次交替进行完成下杆工作。

（9）电杆如有伤痕、裂缝，或倾斜严重，禁止登杆。

（10）登高板的挂钩钩口应朝外、朝上，严禁反向。

（11）特殊天气使用登高板应采取防滑措施。

第三节 软　　梯

一、软梯的作用及分类

软梯是一种用于高空作业和攀登的登高工器具。按使用特性可分为绝缘软梯和普通软梯，如图 3-6 所示。按悬挂方式可分为无软梯头的不可移动软梯和加装软梯头的可移动的软梯。

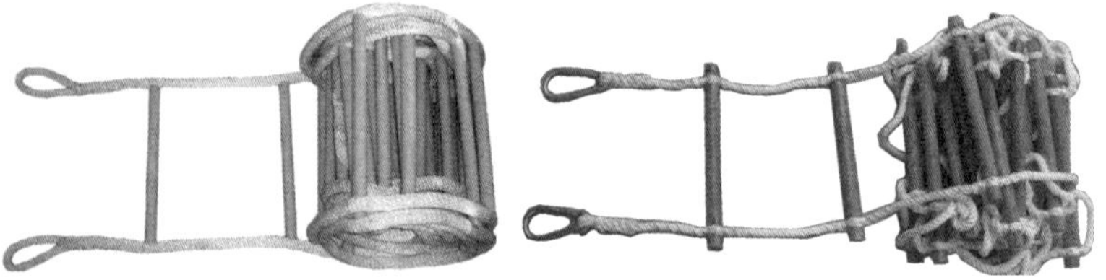

（a）绝缘软梯　　（b）普通软梯

图 3-6　软梯分类及结构示意图

软梯由环眼、踏档和边绳三部分构成，软梯的绝缘长度应满足其对应电压等级的有效绝缘长度，如表 3-3 所示。

表 3-3 软梯长度的要求

电压等级（kV）	最短有效绝缘长度（m）
10	0.4
35	0.6
66	0.7
110	1.0
220	1.8
330	2.8
500	3.7
750	5.3
1000	6.8
±400	3.75[a]
±500	3.7
±660	5.3
±800	6.8

注 ±400 数据是按海拔 3000m 校正的，海拔为 3500、4000、4500、5000m 时最小安全距离依次为 3.90、4.10、4.25、4.40、4.50m。

二、软梯技术要求

1. 边绳及环形绳

（1）普通软梯的边绳及环形绳应符合 GB/T 21328—2007《纤维绳索通用要求》的规定，绝缘软梯的边绳及环形绳应采用绝缘纤维材料。

（2）编织结构的边绳及环形绳直径不应小于 10mm，绳扣接头应采用镶嵌方式，接头应紧密匀称，长度不应小于 240mm，环形绳与边绳的包箍连接点应平顺、牢固扣紧，边绳与环形绳应紧密吻合，不得有松散、分股等缺陷。内、外纬线的节距应匀称，股线连接接头应牢固，并嵌入编织层内，不得凸在外表面。

（3）捻合结构的边绳及环形绳的绳索和绳股应连续而无捻接，捻合成的绳索和绳股应紧密绞合，无松散、分股的现象；绳股及各股中丝线应无叠痕、凸起、压伤、背股、抽筋等缺陷，丝、线、股无错乱、交叉；绳索应由绳股以“z”向捻合成，绳股应为“s”捻向；绳股和线股的捻距应均匀，绳扣接头的每绳股应连续镶嵌5道；镶嵌成的接头应紧密匀称，末端应用丝线绑扎牢固。

（4）普通软梯的边绳及环形绳如含有钢丝绳，应包覆完整。

（5）环形绳与边绳的连接应牢固、平顺。

2. 踏档

（1）绝缘软梯的踏档应采用绝缘材料制作。

（2）踏档表面应无气泡、裂纹及开裂，踏档两端管口应呈R1.5的圆弧状。

（3）踏档应紧密牢固地固定在两边绳上，不得有横向滑移的现象。圆管踏档外径不小于22mm，长度为（300±10）mm。

（4）上下相邻踏档的中心间距不应大于360mm。

3. 环眼及金属心形环

（1）软梯环眼应配置心形环，心形环应用钢材制成，表面应光洁，无毛刺、疤痕、切纹、锈蚀等陷，边缘应呈圆弧状，表面镀锌层应均匀。

（2）金属心形环镶嵌在环眼内应紧密无松动。

三、软梯预防性试验内容及要求

软梯预防性试验主要包括静负荷试验和电气性能试验（针对绝缘软梯），试验周期为12个月。

1. 静负荷试验

静负荷试验应符合表3-4规定。

表3-4　　静负荷试验

试验项目	试验力值（kN）	试验时间（min）
软梯边绳静负荷试验	4.9	5
软梯踏档静负荷试验	1.5	5
软梯头踏档静负荷试验	1.5	5

（1）软梯边绳静负荷试验。在软梯两条边绳的两端分别装置平衡联板（如图3-7所示），保持软梯宽度及两边绳均衡受力。以（100

±5）mm/min 的速率加载负荷至 4.9kN，保持 5min。判定依据为边绳不应出现断股或断绳现象。

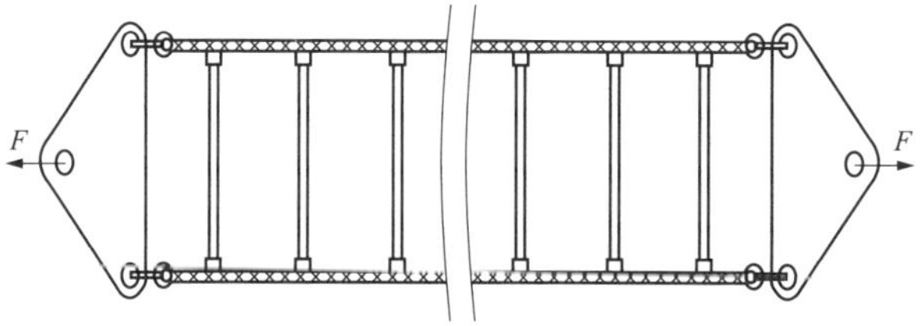

图 3-7 软梯边绳静负荷试验示意图

（2）软梯踏档静负荷试验。在软梯两条边绳的一端装平衡联板（见图 3-8），选择一踏档，在踏档中间加载，负荷施加的宽度为（100±2）mm，以（100±5）mm/min 的速率加载负荷至 1.5kN，保持 5min。每副软梯踏档试验不少于 2 处。判定依据为软梯踏档不应出现明显的损坏和变形。

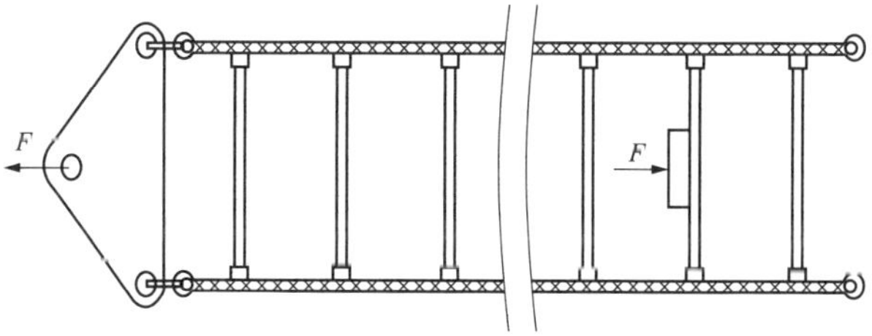

图 3-8 软梯踏档静负荷试验示意图

（3）软梯头踏档静负荷试验。将软梯头安装在导地线或同等规格的金属管上（见图 3-9），以（100±5）mm/min 的速率加载负荷至 1.5kN，保持 5min。判定依据为试验轮不应出现变形卡阻，各部件不应产生永久变形。

2. 电气性能试验

绝缘软梯电气性能试验应按 DL/T 1209.1—2013《变电站登高作业及防护器材技术要求 第 部分：抱杆梯、梯具、梯台及过桥》的规定，工频交直流耐受电压应符合表 3-5、表 3-6 的规定。判定依据为绝缘软梯不应出现击穿、闪络及发热现象。

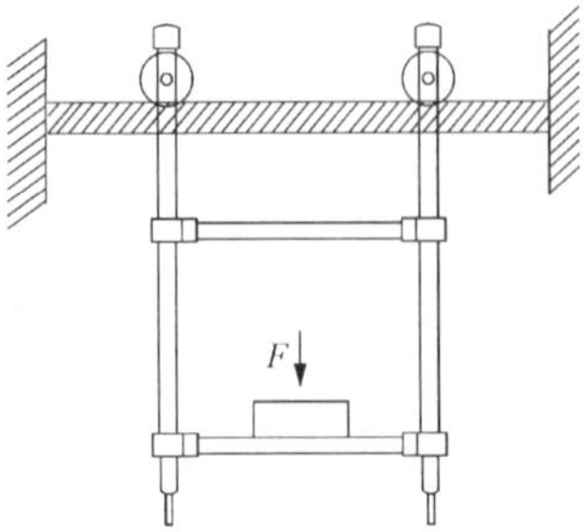

图 3-9　软梯头踏档静负荷试验示意图

表 3-5　　10～220kV 电压等级的电气性能

额定电压（kV）	10	20	35	66	110	220
试验电气间距离（m）	0.4	0.5	0.6	0.7	1.0	1.8
1min 交流耐受电压（kV）	45	70	95	175	220	440

表 3-6　　330kV 及以上电压等级的电气性能

额定电压（kV）	330	500	±500
试验电气间距离（m）	2.8	3.7	3.2
5min 交流耐受电压（kV）	380	580	565

四、软梯检查要求及使用注意事项

1. 检查要求

（1）软梯无损坏、受潮、变形、失灵。

（2）标识清晰，每股绝缘绳索及每股线紧密绞合，无松散分股。

（3）绳索各股及各股中丝线无叠痕、凸起、压伤、背股、抽筋等缺陷、无错乱、交叉的丝、线、股。

（4）无股接头，单丝接头封闭于绳股内部。

（5）经防潮处理后的绝缘绳索表面无油渍、污迹、脱皮等。

（6）使用 2500V 及以上绝缘电阻表或绝缘检测仪进行分段缘检测，阻值不低于 700MΩ。

2. 使用注意事项

（1）载荷试验。2～3 人的重量加在软梯上，软梯受力后无异常。

（2）软梯头架和梯身连接牢固后，将软梯头架绑在跟头滑车绝缘绳上拉起。

（3）待软梯升至导线处，使软梯头架两个挂钩横线路方向穿过导线，将导线置于两个挂钩之间，再顺两个挂钩开口方向扭转梯身，将软梯挂在导线上。

（4）攀登时，地面人员设法将梯身拉至垂直状态。

（5）作业人员在爬软梯的整个过程中，主要靠手部用力，并系安全保险绳。

（6）登至作业点后，梯身可按需要拉至一定角度固定。

（7）使用完毕后，缠绕成卷放回存放处。

（8）软梯上只准一人工作，并使用安全带。工作人员到达梯头上进行工作和梯头开始移动前，将梯头的封口可靠封闭，否则使用保护绳防止梯头脱钩。

（9）在转动横担的线路上挂梯前将横担固定。

（10）在导线或地线上悬挂软梯前，检查本档两端杆塔处导线或地线的紧固情况，无误后方可攀登。

（11）工作现场软梯放置在防潮的帆布或绝缘垫上。

第四节 检 修 平 台

一、检修平台作用及分类

升降型检修平台是一种用于一人或数人登高、站立，具有升降功能的作业平台，如图 3-10 所示。

检修平台按功能分为拆卸型和升降型。拆卸型检修平台按型式可分为单柱型、平台板型、梯台型，用于在变电站检修时，固定于构架类设备基座上，是登高作业及防护的辅助装置。

二、检修平台预防性试验内容及要求

（1）试验项目、周期和要求见表 3-7。卸载后不应发生永久变形和损伤。

表 3-7　　检修平台的试验项目、周期和要求

序号	项目	周期	要求	
			试验静压力（N）	持续时间（min）
1	平台/悬挂装置强度	1年	1960	5
2	踏档强度	1年	980	5

图 3-10　升降型检修平台

（2）试验方法。平台/悬挂装置强度试验、踏档强度试验按 DL/T 1209.4—2014《变电站登高作业及防护器材技术要求　第 4 部分：复合材料快装脚手架》进行。

三、检修平台检查要求及使用注意事项

1. 检查要求

（1）拆卸型检修平台。

1）检修平台的复合材料构件表面应光滑，绝缘部分应无气泡、皱纹、裂纹、绝缘层脱落、明显的机械或电灼伤痕，玻璃纤维布（毡、丝）与树脂间粘接完好，不得开胶。

2）检修平台的金属材料零件表面应光滑、平整，棱边应倒圆弧、不应有尖锐棱角，应进行防腐处理（铝合金宜采用表面阳极氧化处理，黑色金属宜采用镀锌处理，可旋转部位的材料宜采用不锈钢）。

3）检修平台供操作人员站立、攀登的所有作业面应具有防滑功能。

4）梯台型检修平台作业面上方不低于 1m 的位置应配置安全带或防坠器的悬挂装置，平台上方 1050～1200mm 处应设置防护栏。

（2）升降型检修平台。

1）复合材料构件及作业面要求同拆卸型检修平台。

2）起升降作用的牵引绳索（宜采用非导电材料）应无灼伤、脆裂、断股、霉变和扭结。

3）升降锁止机构应开启灵活、定位准确、锁止牢固且不损伤横挡。

4）应装有机械式强制限位器，保证升降框架与主框架之间有足够的安全搭接量。

2. 使用注意事项

（1）按使用说明书的要求进行操作。

（2）安装应牢固。

第四章

杆塔防坠落装置

杆塔防坠落装置是用于登高作业、临时性高处作业防高坠的安全装置。一般有刚性导轨、柔性导轨、自锁器、过钩器、导轨转向器、可拆卸移动型防坠落装置等，本章将重点介绍杆塔防坠落装置。

第一节　刚 性 导 轨

一、刚性导轨作用及分类

刚性导轨是使用金属支架等装置按一定间隔固定在杆塔上，能附着自锁器的刚性部件。自锁器可在导轨上滑动，发生坠落时自锁器可锁止在导轨上。

刚性导轨按照轨道结构分为仿工字型刚性轨道、T 型刚性轨道、方孔刚性轨道、圆钢刚性轨道等。

二、刚性导轨与转向器技术要求

1. 刚性导轨

（1）刚性导轨原材料应符合相关标准规定，导轨与杆塔应可靠连接，并能在 15kN 静荷载作用下正常工作。

（2）刚性导轨加工长度允许偏差为±1.5mm。

（3）刚性导轨单根弯曲度不得大于 $L/1000$，且应小于 4mm。

（4）刚性导轨端头不允许冲裁，端面应平整且无毛刺，垂直度不应大于±0.5mm。

（5）刚性导轨接头处应高低一致，无左右错位，接头间隙不应大于 2mm。

（6）每段刚性导轨与杆塔之间不应少于两个固定点，垂直导轨固定点间距不宜大于 1600mm，水平导轨固定点间距不宜大于 1200mm，导轨端部与最近固定点的间距不宜大于 400mm。

（7）垂直刚性导轨对角钢塔安装宜采用脚钉孔，个别处可采用夹具连接，对钢管杆塔安装在爬梯杆上，采用 U 型管夹具与爬梯杆连接。在刚性导轨最顶端宜采用两个或两个以上螺栓连接杆塔，塔身垂直导轨外平面与角钢肢背或肢尖距离为 100mm。

（8）安装在杆塔曲臂上的刚性导轨与其平面内的外主材净距不应大于 500m。

（9）刚性导轨顶端低于杆塔顶点的距离不应大于 500mm，垂直刚性导轨顶端应高于横向柔性导轨顶端距离 500mm。

（10）垂直刚性导轨下端应采用具有防盗功能的活动防脱出装置，其他方向的导轨末端应安装固定或活动防脱出装置。

（11）刚性导轨转向处应设置转向器，转向过程中自锁器不得脱离导轨，转向应灵活、方便。

（12）T 型导轨接头宜采用榫接（凹凸插接）连接方式。

（13）T 型导轨连接板宜采用 6 孔连接板。

2. 转向器

（1）转向器应结构简单、转向灵活、便于安装使用，一般设置于导轨交汇处，通过导轨固定。

（2）转向器各部位破坏荷载不应小于 15kN。

（3）转向器应具有防脱和定位功能。

三、刚性导轨荷载试验

刚性导轨防坠落装置应采用垂直、水平、倾斜三种固定方式进行静荷载、冲击荷载试验。

1. 静荷载试验

刚性导轨防坠落装置的静荷载试验应由刚性导轨、自锁器、连接器、安全绳和连接件一起进行。

（1）垂直导轨静荷载试验。

1）试验方法如下：

a. 将导轨如图 4-1 所示竖直安装在试验架上，导轨两固定点中心间距不小于1500mm（一般为1500～1800mm），将连好安全绳的自锁器装入导轨，安全绳自然下垂，并记录安装距离。

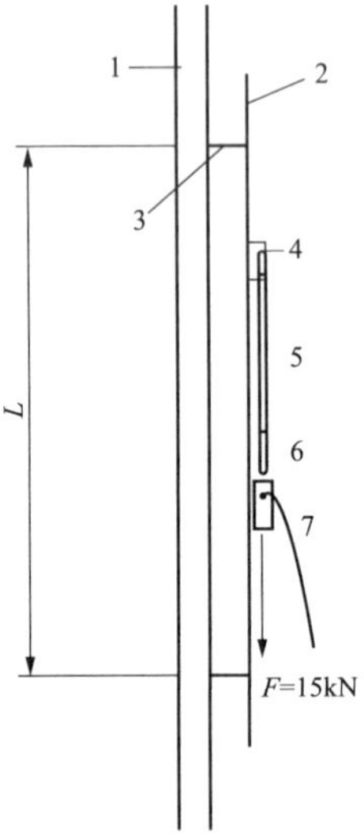

图4-1 垂直导轨静荷载试验示意图

1—垂直角钢架；2—垂直导轨；3—固定夹具；4—自锁器；

5—安全绳；6—连接器；7—测力仪

b．将安全绳末端的连接器与测力仪及加荷装置连好，以25～150mm/min的速度缓慢加载至15kN，并保持5min。观察并记录导轨及其他部件的变化，如发生导轨滑移或任一部件断裂、撕裂、扭曲等现象则试验停止。

c．将荷载缓慢卸下，直至力值为零，拨动自锁器，观察其滑动状况，将全部试件取下，观察其试验后情况。

2）判定规则。试验结果符合下列要求，可判定为试验合格：

a．自锁器在导轨上未滑移。

b．各部件未发生断裂、撕裂、严重扭曲、大变形等影响正常使用的现象。

c．卸载后自锁器在导轨上可顺畅滑动。

（2）水平导轨静荷载试验。

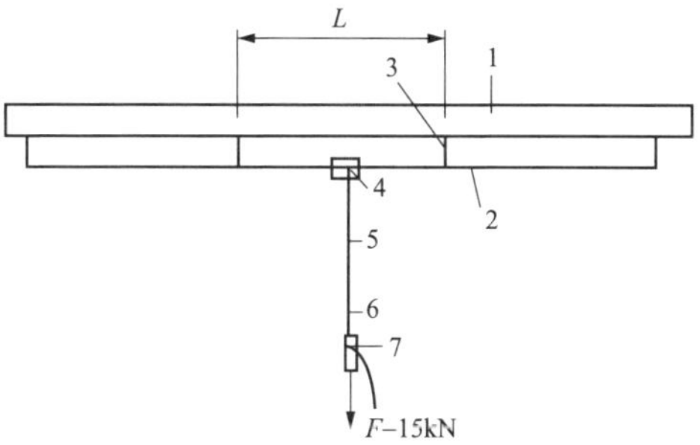

图 4-2 水平导轨静荷载试验示意图

1—水平角钢架；2—水平导轨；3—固定夹具；4—自锁器；

5—安全绳；6—连接器；7—测力仪

1）试验方法。

a．将导轨如图 4-2 所示水平安装在试验架上，导轨两固定点中心间距不小于 1200m（一般为 1200～1500m），将连好安全绳的自锁器装入导轨，并置于导轨两固定点的中间位置，安全绳自然下垂，并记录安装间距。

b．将安全绳末端的连接器与测力仪及加荷装置连好，以 25～150mm/min 的速度缓慢加载至 15kN，并保持 5min，观察并记录导轨及其他部件的变化，如发生任一部件断裂、撕裂、严重扭曲等现象则试验停止。

c．将荷载缓慢卸下，直至力值为零；拨动自锁器，观察其滑动状况；将全部试件取下，观察其试验后情况。

2）判定规则。

a．卸载后自锁器在导轨弯折处左右可滑出。

b．各部件未发生断裂、撕裂、严重扭曲、大变形等影响正常使用的现象。

c．倾斜导轨静荷载试验。倾斜导轨按照用户要求的角度进行安装，按照垂直导轨相应试验方法进行试验。

2. 坠落冲击试验

刚性导轨防坠落装置的坠落冲击试验应由刚性导轨、自锁器、连接器、安全绳和连接件一起进行。

（1）垂直导轨冲击荷载试验。

1）试验方法。

a．将导轨如图 4-3 所示垂直安装在模试验架上，导轨两固定点中心间距为 1500mm，将连好安全绳的自锁器装入导轨，安全绳另一端与 100kg 重块（或人模）连接，测量连接件中心间距，并记录；需测量坠落冲击力时，安全绳上安装测力传感器。

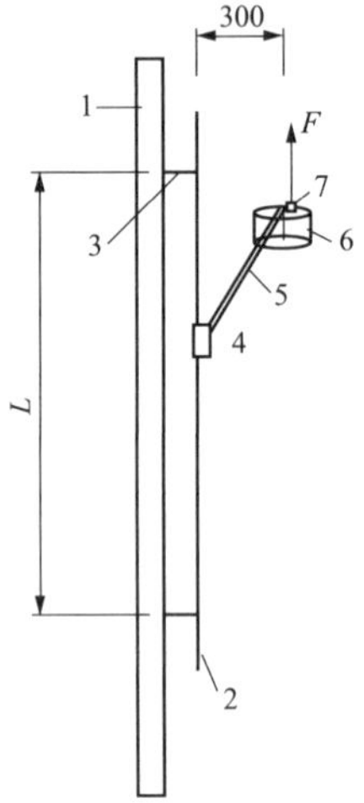

图 4-3　垂直导轨冲击荷载试验示意图

1—垂直角钢架；2—垂直导轨；3—固定夹具；4—自锁器；

5—安全绳；6—100kg 重块（或人模）；7—释放器

b．将 100kg 重块（或人模）缓慢提升至适当位置（悬挂点与导轨水平间距不大于 300mm），后保持静止，此时自锁器应处于解锁状态并对自锁器此时初始位置进行标记。

c．突然释放重块（或人模），使其自由落下，重块（或人模）完全静止后，测量自锁器的最终位置与初始位置间高差，并记录为锁止距离；取下重块（或人模），观察导轨及其他部件的变化拨动自锁器观察其滑动状况。

d．测量冲击力时，记录冲击力值。

2）判定规则。

a．锁止距离不大于 100mm。

b．试验后自锁器在导轨上可顺畅滑动。

c．各部件未发生断裂、撕裂、严重扭曲、大变形等影响正常使用的现象。

d．试验中测得的最大冲击力不大于 6kN。

（2）水平导轨冲击荷载试验。

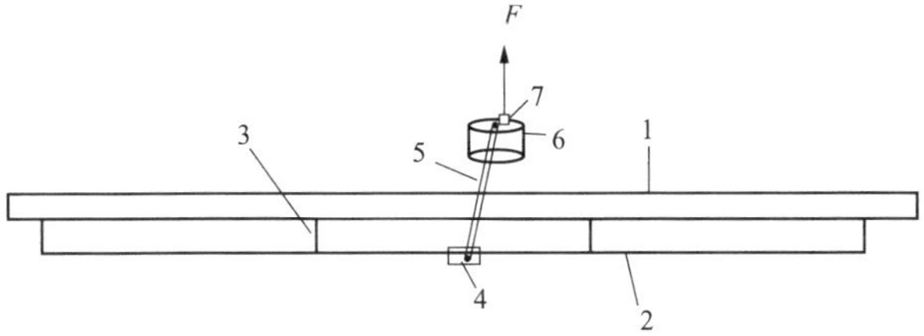

图 4-4 水平导轨冲击荷载试验示意图

1—水平角钢架；2—水平导轨；3—固定夹具；4—自锁器；

5—安全绳；6—100kg 重块（或人模）；7—释放器

1）试验方法。

a．将导轨如图 4-4 所示水平安装在试验架上，导轨两固定点中心间距不小于 1200mm（一般为 1200～1500mm），将连好安全绳的自锁器装入导轨，并置于导轨两固定点的中间位置，安全绳自然下垂，安全绳另一端与 100kg 重块（或人模）连接，并记录安装间距；需测量坠落冲击力时，安全绳上安装测力传感器。

b．将 100kg 重块（或人模）缓慢提升至适当位置（高于导轨约为 500mm），后保持静止，并记录重块（或人模）此时初始位置高度。

c．突然释放重块（或人模），使其自由落下，重块（或人模）完全静止后，测量重块（或人模）最终位置与初始位置的高差，并记录为坠落距离；重块（或人模）完全取下后，观察导轨及其他部件的变化，拨动自锁器观察其滑动状况。

d．测量冲击力时，记录冲击力值。

2）判定规则。

a．坠落距离不大于 1200mm。

b．试验后自锁器在导轨上可顺畅滑动。

c．各部件未发生断裂、撕裂、严重扭曲、大变形等影响正常使用的现象。

d．试验中测得的最大冲击力不大于 6kN。

（3）倾斜导轨静荷载试验。倾斜导轨按照用户要求的角度进行安装，按照垂直导轨相应试验方法进行试验。

3. 导轨接头流畅性试验

将自锁器安装到导轨上，模拟人员下行时工作状态，使自锁器在自重作用下能顺畅下滑并通过导轨接头。重复操作 10 次。每次自锁器均下滑顺畅。

4. 锁止测试

将导轨固定，连好安全绳的自锁器安装到导轨上，安全绳下端悬挂 5kg 的重物，提升重物至自锁器可在导轨上滑动，重物与导轨间水平距离不应大于 300mm，释放重物，自锁器应能正常锁止，解锁后可在导轨上顺畅滑动。

第二节 柔性导轨

一、柔性导轨的作用及分类

采用连接件固定在杆塔上的柔性部件，自锁器或连接器（环）（水平导轨）可在导轨上滑动，发生坠落时自锁器在垂直导轨上可锁止。

柔性轨道按照材料可分为钢绞线型柔性轨道、纤维绳型柔性轨道。

二、柔性导轨与过钩器技术要求

1. 柔型导轨

（1）柔性导轨与杆塔应可靠连接。

（2）不锈钢钢绞线端部应固定在杆塔构件上，端头压接，破坏强度应符合 GB/T 25821—2010《不锈钢钢绞线》规定，握着强度不得小于钢绞线设计使用拉断力的 90%。

（3）钢绞线安装张力不应小于 2kN，且不应大于 2.6kN。

（4）钢绞线横向支点距离不宜大于 5000mm，在转弯（拐点）处增设过钩器。

2. 过钩器

（1）过钩器及附件应安全可靠，方便安装，并与杆塔构件结合紧密，外表美观转动灵活。安装距离不大于 500mm，过钩器直径不应小于 160mm，且带防脱线装置。

（2）过钩器与钢绞线整体组合安装后应能承受不小于 15kN 的静荷载，且过钩器及附件不能弯曲变形。

三、柔性导轨荷载试验

柔性导轨防坠落技术装置应采用水平或垂直固定方式进行静荷载、冲击荷载试验。

1. 静荷载试验

柔性导轨防坠落装置的静荷载试验应由柔性导轨、固定耐张端、连接器（环）、安全绳、过钩器及连接件一起进行。

（1）水平导轨静荷载试验。

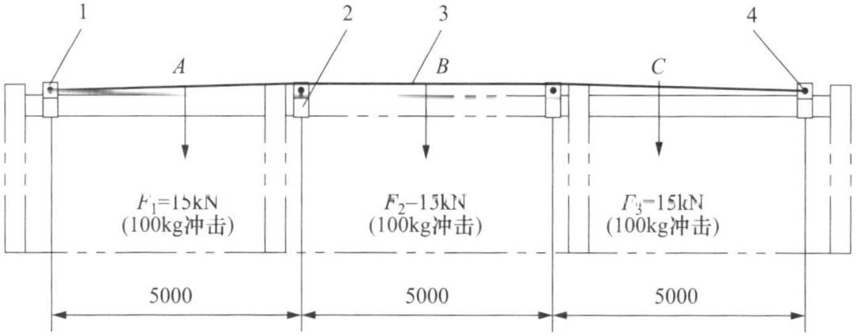

图 4-5 水平柔性导轨试验示意图

1—固定端连接件；2—过钩器及连接件；3—柔性导轨；4—张紧端连接件

1）试验方法。

a. 试验用柔性导轨长约 14.5m，两端耐张线夹压接：导轨两端通过连接件连接在试验架上，一端为固定端，另一端为张紧端，连接 1 套花兰螺栓，用于调节张力，导轨中间使用过钩器支撑，如图 4-5 所示。固定端件与过钩器、张紧件距离为 5000mm；通过调节花兰螺栓将柔性导轨张力调节为 2～2.6kN。

b. 将连好安全绳的连接器（环）或自锁器装在柔性导轨上，安全绳末端的连接器与测力仪及加荷装置连好，分别在 A、B、C 点加载 15N 载荷，保持 5min。观察并记录部件的变化，如固定端、过钩器及连接件任一部件发生断裂、撕裂、扭曲等现象，则试验停止。

c. 将荷载缓慢卸下，直至力值为零；观察并记录部件的变化情况。

2）判定规则。

a. 试验完成后，柔性导轨不得出现断裂、断丝。

b. 固定端件和张紧件不得出现滑移、松动、金属部件撕裂，过钩器及连接件不得出现弯曲变形等影响正常使用的现象。

c. 连接器（环）或自锁器仍能顺利通过过钩器。

（2）垂直导轨静荷载试验。

垂直导轨静荷载试验按 GB/T 24537—2019《坠落防护柔性导轨自锁器》中的相关要求进行试验。

2. 坠落冲击试验

柔性导轨防坠落装置的坠落冲击试验应由柔性导轨、固定耐张端、连接器（环）、安全绳、过钩器及连接件一起进行。

（1）水平导轨冲击荷载试验。

1）试验方法。

a. 按照图 4-5 及柔性导轨水平静荷载试验的要求进行安装。将连好安全绳的连接器（环）装在柔性导轨上，安全绳另一端与 100kg 重块（或人模）连接；需测量坠落冲击力时，安全绳上安装测力传感器。

b. 在 A 点将 100kg 重块（或人模）缓慢提升至适当位置后保持静止，并记录重块（或人模）此时高度初始位置。

c. 突然释放重块（或人模），使其自由落下，重块（或人模）完全静止后，测量重块（或人模）落下的最终位置与初始位置间高差，并记录为坠落距离。

d. 重块（或人模）完全取下后，观察导轨及其他部件的变化情况并记录。

e. 测量冲击力时，记录冲击力值。

f. 在 B 点和 C 点重复执行步骤 b～e。

2）判定规则。

a. 人员坠落距离不应大于 1200mm。

b. 试验完成后，柔性导轨不得出现断裂、断丝。

c. 各部件未发生断裂、撕裂、严重扭曲、大变形等影响正常使用的现象。

d. 试验中测得的最大冲击力不大于 6kN。

3. 导轨接头流畅性试验

将自锁器安装到导轨上，模拟人员下行时工作状态，使自锁器在自重作用下能顺畅下滑并通过导轨接头。重复操作 10 次。每次自锁器均下滑顺畅。

4. 锁止测试

将导轨固定，连好安全绳的自锁器安装到导轨上，安全绳下端悬挂 5kg 的重物，提升重物至自锁器可在导轨上滑动，重物与导轨间水平距离不应大于 300mm，释放重物，自锁器应能正常锁止，解锁后可在导轨上顺畅滑动。

第三节 可拆卸移动型防坠落装置

一、可拆卸移动型防坠落装置作用及分类

施工时临时装配在杆塔上，施工使用完后可拆卸重复使用的防坠落装置。

可拆卸式防坠器

二、可拆卸移动型防坠落装置技术要求

（1）绳索长度满足塔高要求，性能应符合国家现行相应标准的规定。

（2）绳索两端应可靠固定在杆塔上，中间应设置绳索防晃动装置。防晃动装置不应妨碍自锁器在绳索上的滑动，自锁器通过防晃动装置时，高处作业人员不应失去保护。

（3）绳索在 22kN 荷载作用下，不应出现断股、撕裂、断裂等现象，卸载后，绳索式自锁器（俗称抓绳器）应能在导轨上正常工作。

（4）自锁器与绳索之间配合紧密，在绳索上应能轻松上下移动，并能在任何位置有效锁止。

（5）自锁器应能承受不小于 15kN 的试验负荷，卸载后不应出现永久性损伤及明显变形。

（6）自锁器耐腐蚀性按 GB/T 10125—2012《人造气氛腐蚀试验》规定的试验方法评定。

（7）双挂钩安全绳破坏荷载不应小于 22kN，试验方法应符合 GB 24543—2009《坠落防护安全绳》的规定。

三、可拆卸移动型防坠落装置荷载试验

1. 静荷载试验

按照柔性导轨、刚性导轨静荷载试验方法进行试验。

2. 坠落冲击试验

按照柔性导轨、刚性导轨冲击荷载试验方法进行试验。

3. 导轨接头流畅性试验

将自锁器安装到导轨上，模拟人员下行时工作状态，使自锁器在自重作用下能顺畅下滑并通过导轨接头。重复操作 10 次。每次自锁器均下滑顺畅。

4. 锁止测试

将导轨固定，连好安全绳的自锁器安装到导轨上，安全绳下端悬挂 5kg 的重物，提升重物至自锁器可在导轨上滑动，重物与导轨间水平距离不应大于 300mm，释放重物，自锁器应能正常锁止，解锁后可在导轨上顺畅滑动。

第五章

高处作业防坠落措施

本章将重点介绍各类安全工器具在实际现场工作中的组合方案，并对各种组合的优缺点进行对比，以便更好地根据现场实际情况选用合理、高效、安全的高处作业防坠方案。

防坠落装置的布置或配置原则如下：

（1）角钢塔作业防坠落措施。新杆塔新设计新安装，旧杆塔老设计新改造。对于新建输电线路工程，杆塔防坠落装置应与主体工程同时设计、同时安装、同时验收；对于已建的输电线路工程，杆塔如需要加装防坠落装置，防坠落装置的安装方式、杆塔的结构强度及安全系数需经原设计单位复核同意。角钢塔上的防坠落装置主要有双钩、防坠模块、防坠落轨道、防坠落脚钉、安全绳等进行组合配置。

（2）钢管杆作业防坠落措施。钢管杆塔及构架上的防坠落装置主要有爬梯+护笼、导索型防坠落装置、双钩、防坠落装置轨道、防坠脚钉、安全绳等进行组合配置。

（3）混凝土杆作业防坠落措施。混凝土杆作业的防坠装置主要有防坠落围杆带、移动式防坠落装置进行组合配置。

（4）导、地线作业防坠落措施。导、地线作业防坠装置主要有单导地线防坠配置、多分裂导线防坠配置、出绝缘子串作业防坠配置以及横担处下导线作业防坠配置。

第一节　角钢塔作业防坠落措施

由角钢搭建组成的铁塔我们称为角钢塔，攀登时作业人员通常用脚踩脚钉、手抓交叉主材的方式进行攀登，如图 5-1 所示。

图 5-1　角钢塔登塔示意图

目前，在 35kV 及以上输电线路杆塔中，角钢塔所占比例约为 90%，如何有效地解决攀登过程可能发生的坠落，是企业各层领导、员工一直关心、关注的问题。针对以上问题，提出了以下几种解决方案：针对 110kV 及以下电压等级的角钢塔，由于其铁塔高度低，塔材间距小，提出了移动式保护站的解决思路，包含采用双钩和防坠模块进行上下杆塔；针对 220kV 及以上电压等级的角钢塔采用安全绳+防坠脚钉的技术方案，同样也可采用防坠模块作业方法；呼高在 60m 及以上的角钢塔，为了减少作业人员体能消耗的同时，确保登塔过程中的安全性，提出了高精度防坠轨道的技术应用方案，下面是对这几种实施方案的详细介绍。

一、使用移动式保护站

1. 使用双钩进行攀登作业

35kV 及以下输电线路角钢塔基本上是上字形塔，作业高度一般不超过 16m，铁塔根开不大，主材与斜材间距也不大，作业人员双手可攀挂或握住相邻的塔材。从经济性、实用性分析来看，这种小型角钢塔不论新建还是改造均不宜安装固定式防坠装置。此时可给作业人员配备双钩配合其上塔作业，攀登双钩由一对高强铝合金整锻制作的挂钩、两条保护绳和一只缓冲器组成，如图 5-2 所示。

攀登前作业人员通过连接器将安全带前胸悬挂环与双钩环眼进行连接。攀登过程中将双钩交叉钩住铁塔，并始终保证有一挂钩钩住铁塔，这也符合《电力安全工作规程》反复强调的“移动过程不失保护”的要求，如图 5-3 所示。

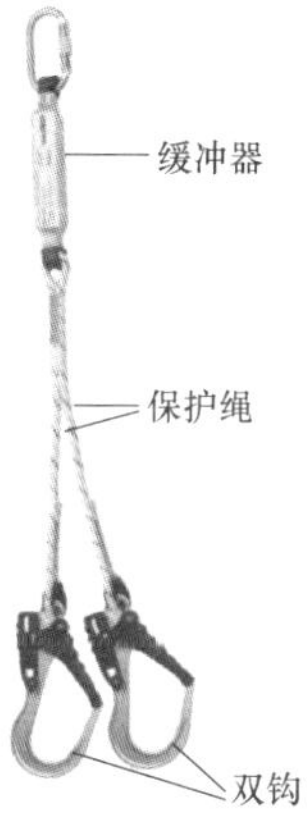

图 5-2　攀登双钩结构示意图

图 5-3　双钩使用示意图

使用双钩进行攀登应当注意如下 3 点。

（1）应保证始终有一只挂钩的扣挂位置不低于作业人员的腰部。

（2）确保不将双钩扣在垂直或倾斜的撑杆或一端自由的脚钉上。

（3）将双钩扣在水平杆或双倾斜撑杆的交叉点处，如图 5-4 所示。

2. 使用防坠模块进行攀登作业

根据双钩攀登作业效率低、费力且受铁塔间距的限制的缺点，提出使用防坠模块进行攀登作业的技术方案，铁塔防坠模块为钛合金铸造结构，一体化成型，最大承重可达 0.5T，质量仅 0.075kg，携带及移动便利。其由脚钉套环、咬合齿、扭力弹簧、过绳环扣四个部分组成。扭力弹簧控制脚钉套环咬合齿的收放，按下扭力弹簧，脚钉套环的咬合齿收缩，脚钉套环可轻松套入脚钉；松开扭力弹簧，咬合齿紧紧地咬住脚钉，起到防滑的同时也防止了脚钉套环从脚钉意外脱出，过绳扣环可双向打开，方便套入安全绳。作业人员在上下杆塔过程中通过将防坠模块的脚钉套环套入脚钉，形成临时保护站，配合安全绳对作业人员形成有力保护，如图 5-5 所示。

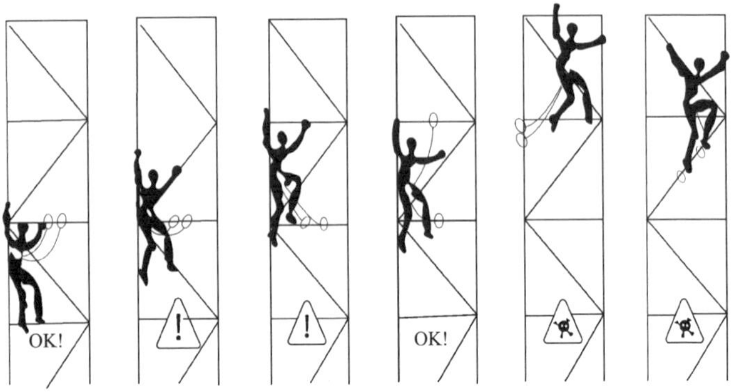

图 5-4　使用双钩攀登警示图

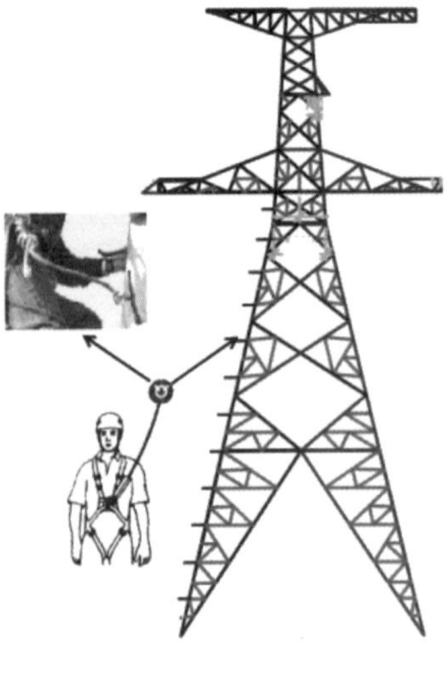

图 5-5　防坠模块登塔示意图

攀登前作业人员将防坠绳通过扣环与安全带胸前挂环连接，并携带适量铁塔防坠模块准备攀登杆塔。在上杆塔前，先将铁塔防坠模块套入胸前的脚钉内，再将与安全带连接的防坠绳穿过地面锚固好的绳索式速差器，再绕入铁塔防坠模块内，形成保护站。之后开始攀登杆塔，再将铁塔防坠模块套入胸前与第一个防坠模块同侧的脚钉上，之后穿入防坠绳，如此往复，直至作业点。到达作业点锚固好安全绳，这样借助安全绳就形成了一条畅通的安全保护通道，可供后续所有作业人员上下铁塔使用。

作业结束后，作业人员准备下塔前，先将防坠绳从最后一个设置的铁塔防坠模块内绕出，之后回收防坠模块，下降高度，绕出下一个防坠脚钉，回收防坠模块，如此往复，直至作业人员安全地返回地面，具体操作流程见图 5-6。

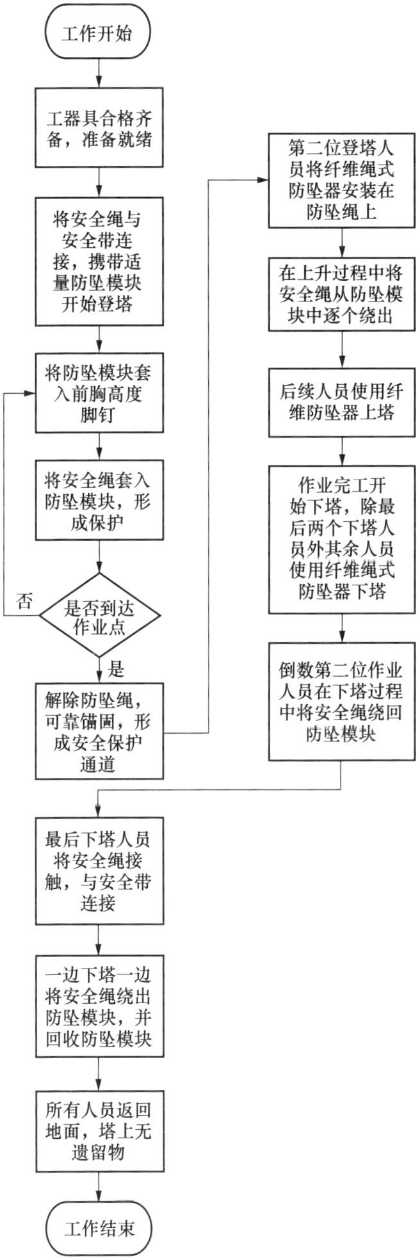

图 5-6　防坠模块登塔操作流程图

使用防坠模块上塔至作业平面，作业人员可利用安全带后挂环上的速差自控器（如图 5-7 所示）或后备保护绳（如图 5-8 所示）转位，但应注意作业时，作业人员安全带系挂位置应与速差自控器或后备保护绳系挂在杆塔不同的牢固构件上。

图 5-7 速差自控器

图 5-8 后备保护绳

可见防坠模块作业具有如下优点：

（1）解决了登塔第一人上下铁塔的安全保护问题，可确保登塔第一人在攀登铁塔全过程中不失去保护。

（2）适用范围广，所有电压等级的铁塔脚钉尺寸一致，借助脚钉打破了电压等级、塔材间距及塔材支宽的限制，适用于任何电压等级的输电线路铁塔。

（3）操作简单，作业人员只需将铁塔防坠模块套入铁塔上的脚钉，再将防坠绳绕入防坠模块即构成防坠保护站，操作简单。

（4）质量轻，易携带，铁塔防坠模块选用钛合金铸造一体化成型时，质量仅为 75 克，质量轻，易携带。

（5）承重大，坠落距离短。铁塔防坠模块最大承重达 15kN，发生坠落时人员平均坠落距离为 0.8m，达到国内领先水平。

此种方式的缺点是作业人员每次登杆前都需要携带绳索和适量的防坠模块，携带防坠模块数量及绳索长度随杆塔高度增加而增加，杆塔过高时（超过 60m）会极大消耗作业人员体力，给高处作业增加不便。

二、使用安全绳+防坠脚钉技术方案

鉴于采用双钩和防坠模块上下部分杆塔的局限性，又提出了安全绳+防坠脚钉的角钢塔攀登技术方案，该方案将铁塔脚钉改造为防坠脚钉，如图 5-9 所示，在上下杆塔过程中，作业人员通过将安全绳绕入防坠脚钉内，形成保护站点，确保作业人员在上下杆塔过程中的安全。此方案适用于所有电压等级的输电线路。

图 5-9 改造后的铁塔脚钉

攀登前作业人员先将“ID”（如图 5-10 所示）或“防坠自锁器”（如图 5-11 所示）在登塔处塔脚可靠锚固，并确保安装正确、牢靠。作业人员将安全绳与安全带的 O 型环连结，安全绳正确穿过“ID”或“防坠自锁器”。

攀登时第一位登塔作业人员将安全绳穿过“防坠脚钉”，如图 5-12 所示，作为人员坠落受力锚点；照此动作持续向上攀爬直至安全绳上端固定位置处，固定好安全绳，如图 5-13 所示。装设的安全绳应保持一定张力。

后续作业人员利用防坠自锁器沿安全绳进行攀登（防坠自锁器装在安全绳上，连结绳挂在安全带上），遇到“防坠脚钉”时将安全绳从“防坠脚钉”绕出即可，“防坠自锁器”穿过“防坠脚钉”后，根据实际需要选择是否重新将安全绳绕入“防坠脚钉”。

图 5-10 塔脚“ID”锚点

图 5-11 塔脚“防坠自锁器”锚点

图 5-12 “安全绳”穿过“防坠脚钉”

图 5-13 安全绳塔身固定

对于横担作业转位距离较长的多人作业，可在横担上设置水平“安全绳”，或利用防坠脚钉设置水平“安全绳”（如图 5-14 所示）。设置安全绳时，作业人员不得失去保护，设置的安全绳应保持一定的张力，确保连接可靠。

防坠脚钉

图 5-14 防坠脚钉设置水平“安全绳”

下塔过程中，作业人员按照上述方法利用安全绳下塔。最后一人利用安全绳单向下塔时，采用逐个绕出“防坠脚钉”向下倒换的方式，同时地面配合人员应随时收紧并回收安全绳。最后一人下塔亦可利用安全绳双向设置方法下塔，将安全绳与安全带可靠连接后下至地面再撤去安全绳。

安全绳+防坠脚钉作业优点是：所有登塔人员在攀登铁塔全过程中不会失去安全保护，具备防坠模块所具有的优势，同时弥补了防坠模块受高度限制的缺点，新建及迁改杆塔可逐基安装防坠脚钉，但是对已建成杆塔，防坠脚钉更换量较大，应视现场实际情况而定。

三、使用固定式导轨技术方案

在输电线路中固定式导轨技术通常指的是铁塔轨道式防坠落装置的应用，它在防高处坠落技术方案中也是一个重要的技术措施。一般在线路设计过程中都会考虑安装防坠轨道，在本书第二、四章详细介绍了铁塔轨道式防坠落装置分类、作用、预防性试验、外观检查等内容，轨道式防坠落装置主要由导轨、转向器、防坠器（自锁器）及安全带（绳）、连接件等部件组成。其中导轨、转向器等装置通过连接件安装固定在杆塔的杆身及横担上，而防坠器、安全带则由人员检修时随身携带，登杆时与相应规格的导轨配套使用。导轨型式有 C 型（槽型）或 T 型（工型）防坠器（自锁器）自锁型式有杠杆式和卡扣式，转向器型式均为转盘式。导轨、防坠器及转向器材质主要有热镀锌钢、不锈钢、铝合金、铝镁合金等。

铁塔防坠落轨道的布置根据铁塔形式的而异。在干字型耐张塔、双回路直线塔、双回路耐张塔、钢管塔和钢管杆等有较长横担的铁塔，防坠轨道由各个横担上的防坠软轨和塔身上的防坠轨道组成，防坠软轨贯穿每一个横担，防坠轨道由塔脚延伸至地线支架（如图5-15 所示）。在猫头型和酒杯型铁塔上，防坠轨道的布置是由塔脚延伸到平口，在由平口环绕塔头一周形成闭合（如图 5-16 所示）。

图 5-15　鼓型铁塔轨道布置

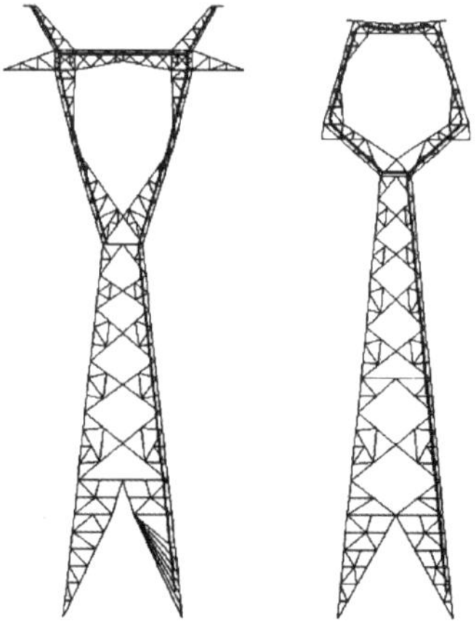

图 5-16　酒杯型和猫头型铁塔轨道布置

（1）防坠落装置轨道的优点。可以保障作业人员在攀爬铁塔过程中的安全，提高高处作业本质安全。

（2）防坠落装置轨道的缺点。虽然高压输电线路杆塔高空防坠落装置的安装覆盖率已经很高，但是在实际的使用过程中还存在很多的问题。

1）由于这些装置都不是一次性安装的，所以安装的批次不同，可能安装的型号也是不同的，这就造成了工作人员在巡视的过程中必须佩带多种防坠器（自锁器），给他们的工作带来不便。

2）超、特高压输电线路长期运行在恶劣环境下，极易造成轨道的生锈，导致防坠器在转向器、轨道连接处以及弯曲的地方会出现卡阻现象。轨道表面粗糙度增加加速了作业人员体力的耗费。

3）由于没有严格的防盗装置，没有配置防盗螺栓，因此有被偷的可能性。

第二节 钢管杆作业防坠落措施

将钢板弯折成多边形，再焊接成一段管体，上下管体通过法兰连接组成的杆塔称之为钢管塔。钢管塔或变电站构架主支撑架一般直接选用管材（无缝管或螺旋管）通过法兰连接组成。钢管塔是一种新型的塔形，它与传统的砼杆和角钢塔相比受力性、设计性好，外形美观，现广泛应用于高压输电线路中。

在钢管塔上作业时，防护措施主要分为垂直攀爬防护措施和水平移动防护措施两部分。垂直攀爬防护措施主要作用于作业人员上下钢管杆塔过程中的安全防护，水平移动防护措施主要作用于作业人员在钢管杆塔上水平位移作业过程中的安全防护。

钢管杆攀登及转位过程中的防坠保护措施这里主要介绍爬梯+护笼、设置导索型防坠装置以及安装防坠轨道、防坠脚钉等技术方案。

一、垂直攀爬防护措施

1. 使用爬梯+护笼

根据输电线路设计的有关要求，为满足输电钢管塔施工和后期运检的需要，当钢管塔主桩露出地面的高度超过 1.5m 时，钢管塔基础需安装爬梯。现有钢管塔的爬梯是由两个以上的纵向间隔固定设置在基础主桩上的槽型结构的螺纹钢筋组成，便于检修作业过程中作业人员上下杆塔的攀爬。护笼是防止作业人员在上下爬塔过程中发生意外高坠的框架结构，其安装在梯梁上，构成一个封闭空间。爬梯主要由扶手、踏步板、连接杆和基础侧面连接板构成，扶手平行间隔设置，踏步板平行间隔固定设置在两扶手上，扶手的一侧均固定连接连接杆的一端，连接杆的另一端分别固定连接在基础侧面连接板，基础侧面连接板的端面与钢管塔基础的侧面通过焊接可靠连接。

作业人员在沿爬梯上下钢管塔前，先将双钩连接在安全带的后背挂环上，双钩使用方法及注意事项与攀登角钢塔一样，攀登过程中通过双钩在扶手拉杆上的交替使用，确保上下钢管塔全过程不失安全保护。

使用爬梯+护笼作业方法优缺点与使用双钩攀登角钢塔的优缺点一样，但比双钩攀登更具安全性。

2. 设置导索型防坠装置

钢管杆在建设时通常已安装爬梯，但老旧钢管杆防坠落装置装设不到位，在攀爬过程中往往存在高空坠落隐患，严重威胁作业人员安全。因此，作业时仍需要配备安全防护装置。导索型防坠装置是一种简便、快速、安全的防护装置，其一般要求为：

（1）强度应达到安全要求。

（2）攀登爬梯时不慎滑落，导索防坠装置可以防止作业人员从高空坠落。

（3）导索型防坠器在正常情况下可流畅滑动，无阻碍。

（4）坠落锁止距离应符合国家、行业规定和标准。

导索型防坠装置具体安装方法是用一根钢绞线、两只 NUT 线夹配置一套导索型防坠器，安装在在钢管杆爬梯附近，钢绞线一端固定在钢管杆塔顶部，另一端固定在靠近地面第一、二段钢管杆连接处。检修作业人员攀爬杆塔时，穿戴好安全带，携带防坠装置，爬到第一、二节钢管杆连接处时将防坠器扣挂于钢绞线上，作业人员使用防坠器慢速上下攀登爬梯时，防坠器跟随作业人员移动；当作业人员突然失足跌落时，防坠器自锁，防止作业人员坠落，如图 5-17 所示。

图 5-17 钢管杆在爬梯附近加装导索型防坠装置

在爬梯附近加装导索制作防坠装置的优点：一是只需一段

钢绞线、两个NUT线夹，安装方便，经济性高；二是轻巧、方便，可随身携带；三是安全性能好，若检修人员不慎坠落，防坠器受到向下冲击力后会立即锁死，避免作业人员坠落或受到较大冲击力。需要注意的是，作业人员在使用导索前应进行仔细检查。另外，受到外部环境长时间影响，应定期对导索进行更换。

3. 其他垂直攀爬防护措施

对于已经安装了爬梯+护笼或导索型防坠装置的钢管塔，作业人员在上下杆塔过程中可以利用这些装置确保人身安全。对于未安装上述两种防护装置的钢管塔，宜根据现场实际情况，统一进行技术改造安装防坠轨道、防坠脚钉，或使用双钩上下杆塔，多人登杆作业时应设置“安全绳”供后续作业人员上下铁塔使用，其具体操作与在角钢塔上作业方法相同。

二、水平移动防护措施

在钢管塔上作业人员需要水平转位及作业时，转位过程中的作业人员应使用双钩、速差自控器或后备保护绳，使用方法与角钢塔上水平作业时的使用方法相同。另外，钢管塔的横担如果已经安装了防坠钢索，作业人员在水平转位过程中也可通过防坠钢索确保水平位移过程中的安全。

第三节 水泥杆作业防坠落措施

水泥杆是混凝土与钢筋笼在模具中浇筑、养护、脱模成型的杆塔，水泥杆上作业时，由于水泥杆横担距离十分短，因此，水泥杆的防坠落措施主要针对垂直攀爬、垂直作业过程中的安全保护。安全带作为水泥杆作业传统的安全防护措施存在许多不足与缺陷，对作业人员的安全防护也极不稳定，目前水泥杆上作业的安全防护措施有移动式防坠落装置和防坠围杆带等，本书将重点介绍安全性能更加优良的移动式防坠落装置和防坠围杆带。

一、设置移动式防坠落装置

混凝土电杆作业高度一般在 8～12m，个别可达 15m。其绝大多数均设立在道路边，不论从线路运行的安全角度还是从经济效益考核，均不宜对其实施固定式防护装置，实施移动式防护装置较适宜，此时检修作业人员的标准配置为：坠落悬挂安全带和移动式防坠落装置设备包各一件。防坠落装置设备包型式有多种，图 5-18 所示仅是其中较简易的两款。

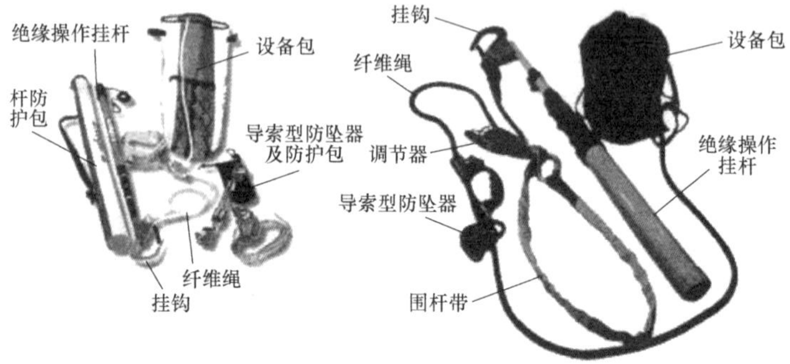

图 5-18　移动式防坠落装置设备包

1. 伸缩式绝缘操作挂杆

伸缩式绝缘操作挂杆由以下主要部件组成：

（1）伸缩绝缘杆。伸缩绝缘杆杆体由绝缘材料制作，整杆有若干根绝缘杆通过旋转连接器连接（类似于伸缩式钓鱼竿），随作业高度的变化可调节其长度，伸缩绝缘杆的规格有 7、9、11、13、15m 等。

（2）开启可调式挂钩。开启可调式挂钩由高强度铝合金制作的钩体、卡式连接杆、开启拉绳、保险扣和连接导索挂环组成，拉动开启拉绳，保险扣能开启，如图 5-19 所示。

（3）开启拉绳。开启拉绳是一根普通的静力绳，其一端与保险扣相连，穿过卡式连接杆上的定位环，可延伸至伸缩绝缘杆的底端。

（4）导索。配套导索应选择动力绳，一端通过连接器与开启可调式挂钩的挂环相连，另一端悬一重物，可让导索保持垂直。

2. 移动式防坠落装置设备使用说明

现介绍移动式防坠落装置设备的使用要求及说明。

（1）将防坠落装置设备包中的各部件取出。

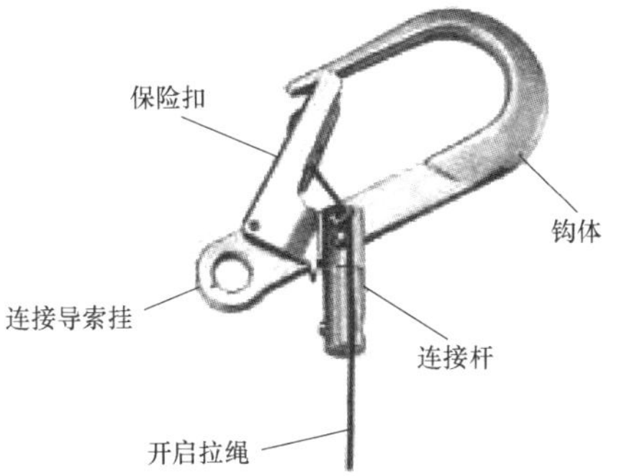

图 5-19 开启可调式安全钩

（2）组装伸缩式绝缘操作挂杆的各部件，再将伸缩绝缘杆各节拉出并旋紧各节点。

（3）拉动开启拉绳并双手握住伸缩绝缘杆，将杆端的挂钩扣入横担挂环内，松开开启拉绳并放开伸缩绝缘杆，调整导索配重的位置，让导索保持垂直。

（4）将导索型防坠器套入导索，并通过连接器连接在作业人员坠落悬挂安全带的前胸或后背悬挂环，作业人员双脚套上脚扣登杆，此时，导索型防坠器随作业人员一块移动。作业人员佩戴导索型防坠器慢速上下攀登时，导索型防坠器可随着作业人员移动。当作业人员突然失足跌落时，导索型防坠器将自锁，固定在导索上。防止作业人员坠落，如图 5-20 所示。

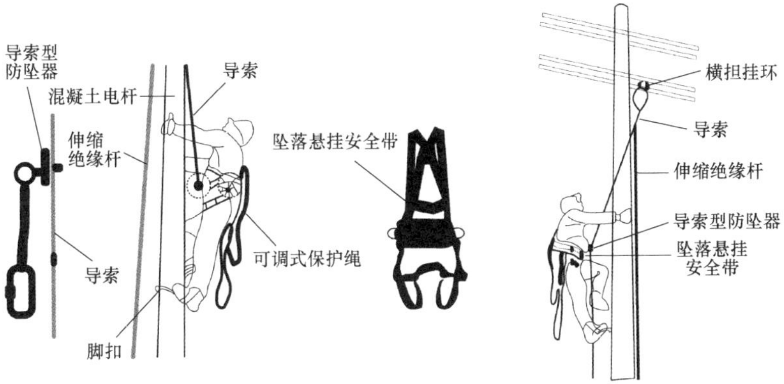

图 5-20 移动式防坠落装置示意图

二、使用防坠围杆带

采用“防坠围杆带”“脚扣”及“全身安全带”上下杆。如图5-21、图5-22所示，使用方法如下。

图5-21 采用防坠围杆带登杆

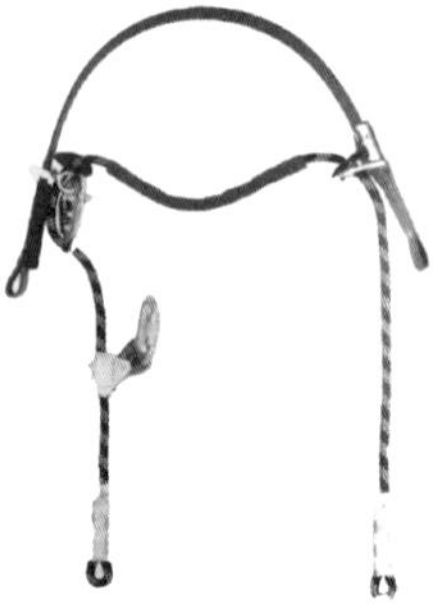

图5-22 防坠围杆带

上杆前，作业人员将全身式安全带穿戴并调节到合适尺寸，缓冲保险绳环形钩连接安全带后背环，防坠皮带连接环连接腰部D形环，打开收紧绳连接环，将皮带绕至水泥杆后方，收紧绳连接环连接皮带调节环，调节防坠皮带内径与水泥杆直径一致，完成连接。

上杆时，作业人员装好脚扣向上移动直至作业位置，如遇障碍物应先打好保护绳、再松开围杆带，越过障碍物后恢复防坠围杆带、松开保护绳。

下杆前，检查围杆带并确认处于完好状态；下杆时，松开保护绳并向下移动直至地面，如遇障碍物应先打好保护绳、再松开防坠围杆带，越过障碍物后恢复防坠围杆带、松开保护绳。

需要注意的是采用“防坠围杆带”作业时，作业人员先检查“防坠围杆带”处于“围杆防坠”状态，再将后备保护绳装设在牢固的构件上，方可开始作业。

第四节 导、地线、金具串作业防坠落措施

导地线、金具串是架空输电线路的重要组成部分，而架空输电线路绝大部分的缺陷、隐患都来自金具串和导线。在输电线路综合

性检修及带电作业过程中时常会遇到金具开口销缺失、锈蚀、金具螺栓、螺帽缺失、玻璃绝缘子自爆、引流压接管有裂纹，导地线磨损断股等缺陷，它们时刻威胁着输电线路安全运行。面对日趋复杂的作业环境，作业人员到达作业点处理这些缺陷成为本节要重点解决的问题。

一、导、地线作业的防坠措施

1. 徒手出线作业

出线就是作业人员从杆塔塔身侧到导地线作业的过程。作业人员高空徒手出线对技能技术水平要求较高，特别是在单根导线或地线上作业，作业人员要在其导地线保持身体平衡，这需要长时间训练才能做到，为了保证作业安全，作业人员需要做好两道安全保护措施。通常做法为：安全带的腰绳系挂在导地线上，腰绳需缩短适当位置，避免高空坠落造成高空冲击；其次，使用延长绳或速差保护器做后备保护。如图 5-23 所示。

图 5-23　作业人员做好安全措施徒手出线

因出线后需要长时间悬空作业，考虑到作业人员体能、安全操作等情况，所以徒手作业适用于短距离（不超过 10m）消缺、检修等作业。

在多分裂导线进行徒手出线作业，相对单线作业要简单，在相分裂导线上工作时，安全带（绳）应挂在同一根子导线上，后备保护绳挂在整组相导线上，如图 5-24 所示。徒手作业难度高、危险性较大，后备保护绳作用极为关键，从作业角度、操作经验和安全性考虑，后背绳挂点高度越高越易操作，有利于提高安全保障，如在导线上作业，可在地线做后备保护绳挂点。

图 5-24 作业人员在相分裂导线上作业

2. 使用辅助工具出线

由于徒手作业存在一些局限性，一些长时间悬空、需要支撑点的作业可根据导地线类型、作业内容、作业时间等合理选择使用辅助工具出线，常用的辅助工具有飞车、软梯头、滑车、三角板等。

飞车是输电线路出线常用的辅助工具，多分裂导线较为常用，因多分裂导线在出线过程中晃动严重，操作不方便，作业过程中会给作业人员带来危险，所以要借助飞车进行导线检修、消缺等工作。飞车有单线飞车、双线飞车、四线飞车。飞车主要由主轮架及主、从动行轮部分、脚踏组件部分、座椅组件部分组成。使用方法为：作业人员带吊点滑车、绝缘绳出绝缘子串到导线侧，吊点做好后，利用绝缘绳将飞车提挂在导线上，整个过程作业人员不得失去后备保护。在使用过程中，飞车配备一根安全保险绳，其一端为安全钩连接于导线，另一端连接在飞车的框架上，防止作业人员意外跌落，此外，作业人员应将安全带的腰绳挂在子导线上以保证人员安全。飞车还配备一根长度能够至地面的高强度绝缘绳，如在作业过程中发生飞车损坏、自然灾害等意外情况，作业人员可通过此绳降落至地面。

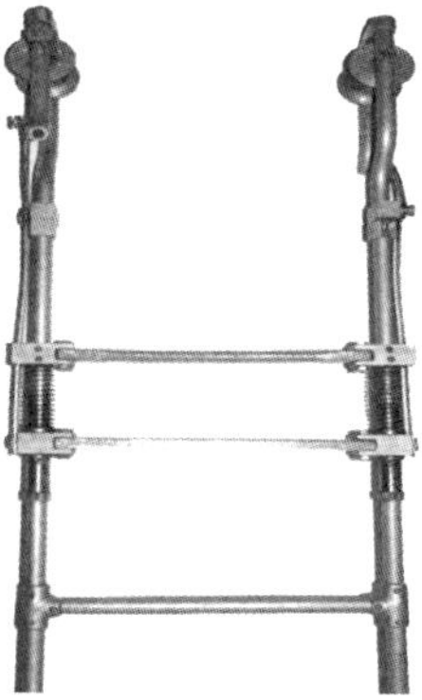

图 5-25　带自闭锁功能的软梯头

单根导线、架空地线、双分裂导线进行附件安装、修补导地线、拆除异物等作业，作业人员常用软梯头作为辅助工具进行导、地线出线作业，相比飞车来说，软梯头结构简单、易操作。软梯头制作材料为高强度铝合金，如图 5-25 所示。作业前，地面作业人员利用绝缘绳完成软梯头悬挂工作，高空作业人员使用软梯头完成出线作业，作业人员到达梯头后，首先做好软梯头闭锁，这一步关系到装置的使用安全。其次，使用安全带+后备安全绳的组合方式，保证作业人员安全。大多数导、地线上的作业，人员在地面通过爬软梯到软梯头，但整个过程应有后备保护绳，保证人员攀爬安全。

二、利用软梯下导线、上横担作业的防坠措施

在横担处下导线作业通常采用挂设软梯的方法进行，通过速差自控器和后备保护绳的配合，形成双重保护（如图 5-26 所示）。具体使用方法如下。

图 5-26　横担处下导线作业

横担处下导线作业至少由两名作业人员完成。作业人员到达作业点上方的横担处后，地面人员配合吊起软梯，将软梯可靠挂设在牢固的水平材上。其中一名作业人员将后备保护绳和速差自控器分别设置在合适高度的不同牢固构件上，且两者不会发生滑移，再将后备保护绳和速差自控器的另一头与另一名作业人员的安全带后备扣环可靠连接，并监护其下导线作业。下导线作业人员作业过程中不得失去双重保护，作业完毕后返回横担，横担处作业人员配合摘除后备保护绳和速差自控器，并回收软梯配合地面人员下放至地面。

横担处下导线作业方法的优点：速差自控器和后备保护绳配合使用，形成双重保护，确保了作业人员在上下软梯过程中的安全，提高了横担处下导线作业的安全水平。

横担处下导线作业方法的缺点：软梯、速差自控器和后备保护绳的配合使用很大程度上提高了横担处下导线作业人员的安全性，但其适用于低电压等级输电线路杆塔上的作业，对于超/特高压交直流输电线路杆塔而言，横担与导线之间距离较大，作业人员沿软梯上下横担过程中体能消耗巨大，危险系数高，增加了下横担作业的难度系数。

三、出耐张串防坠措施

出耐张串就是作业人员从横担侧通过攀爬绝缘子或“跨二短三”方式到导线上的作业过程。这对作业人员技术水平和心理素质要求较高，为了保证作业安全，作业人员需要做好两道安全保护措施，通常做法为：安全带的腰绳系挂在一串绝缘子串上，腰绳需缩短至适当位置，避免高空坠落造成高空冲击，其次，使用延长绳系在两串及以上绝缘子上做后备保护。

此外，出耐张串还可通过组合工具达到防止作业人员发生意外高空坠落的目的，组合工具由地线防坠保护装置和分列式悬挂作业装置组成（如图 5-27、图 5-28 所示），使用方法如下。

（1）在进入绝缘子串或导线作业开始前，辅助作业人员先将安全绳与地线防坠保护装置的安全绳挂点通过扣环连接，再将地线防坠保护装置安装在作业点上方的导/地线。

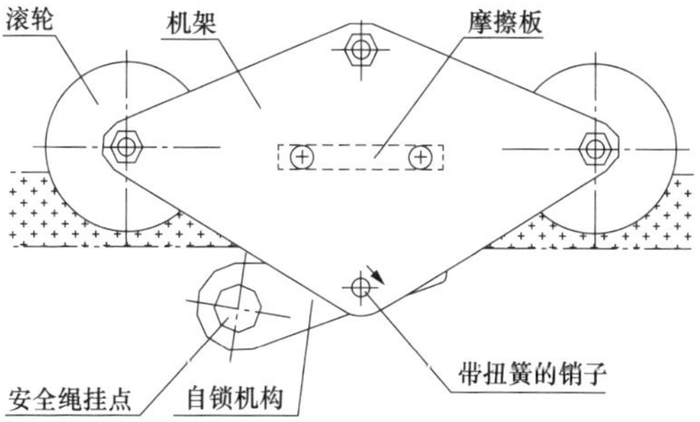

图 5-27　地线防坠保护装置

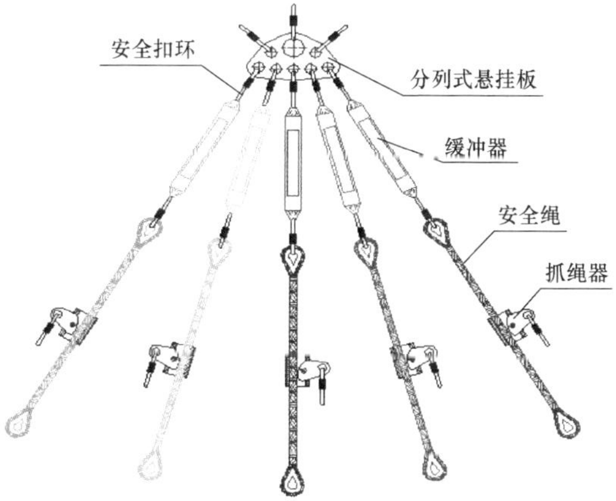

图 5-28　分列式悬挂作业装置

（2）绝缘子或导线端作业人员到达作业点的横担处后，先将安全带与地线防坠装置的安全绳通过扣环相连接，形成垂直保护。

（3）绝缘子或导线端作业人员在作业相铁塔横担挂点附近选择合适位置，将分列式悬挂板通过一主两副挂点牢固固定在横担处。

（4）挂好悬挂板后，分别将不同颜色的“缓冲器+安全绳”组挂在悬挂板的分列式挂点上，每名作业人员一种颜色，作业人员之间颜色各不相同。

（5）绝缘子或导线端作业人员将抓绳器与作业人员身上的安全带连接，形成水平保护。

（6）绝缘子或导线端作业人员进行出绝缘子或导线作业，在移动过程中地线防坠保护装置随着作业人员一同移动，此时，地线防坠保护装置上的自锁机构，在扭簧弹力的作用下与地线不接触，地线防坠保护装置与地线没有额外的摩擦力。

（7）到达工作位置后，利用抓绳器调整安全绳的长度，消除多余长度的安全绳，防止坠落时产生较大坠落高差。

（8）当作业人员发生坠落事故时，作业人员的重力通过安全绳传到自锁机构上，作业人员的重力克服扭簧弹力发生作用，自锁机构通过摩擦板与地线产生摩擦力，从而将地线防坠保护装置制停在地线上。将作业人员吊起，同时分列式悬挂作业装置限制了作业人员的摇摆幅度，避免了二次伤害。

（9）在耐张塔导线端的作业，作业人员可以将“缓冲器+安全绳”组直接通过扣环与蝶形调整板可靠连接，构成水平保护。

（10）绝缘子及导线端作业结束后作业人员返回横担，解除垂直保护和水平保护，回收装置下塔。

第六章

输电线路常用绳结打法

前面我们已经介绍了安全绳的分类、作用、材料及预防性试验等，但在线路检修和施工作业过程中，有大量的起吊、绑扎工作，这些工作的顺利完成离不开绳结，能否正确的使用各类绳结关系到线路施工安全性和便利性，因此对输电线路施工常用绳结的打法及应用的学习显得尤为重要，本章将重点介绍输电线路常用绳结的打法及用途。

一、输、配电高处作业常用绳扣

输电线路在施工架线、检修作业使用绳结较多，多用于绳索连接、材料起吊、工器具传递、高处救援等。对绳结打法要求方便、牢固，既容易解开，又能在受力情况下不松脱。

1. 平结

平结又称为本结、驹结、坚结等，在输电线路日常检修中使用频率较高，平结也可以用作连接两条绳索，但是仅适用于同样粗细和质材的绳索，而且两条绳索的拉力必须均等。在施工检修过程中常用于循环绳绳头连接。

特点：简单确实、系紧后很难解开。

平结步骤分解如图 6-1 所示。

2. 工程蝴蝶结

工程蝴蝶结又称为架线工结或中间结，它是在绳索中间打绳圈的绳结。用于起吊瓷质绝缘子、卡具等较重型工具及材料，保证在起吊过程中不致松脱，同时绳扣易解，也方便高空作业人员操作。

特点：安全牢固不会松散、容易解开。

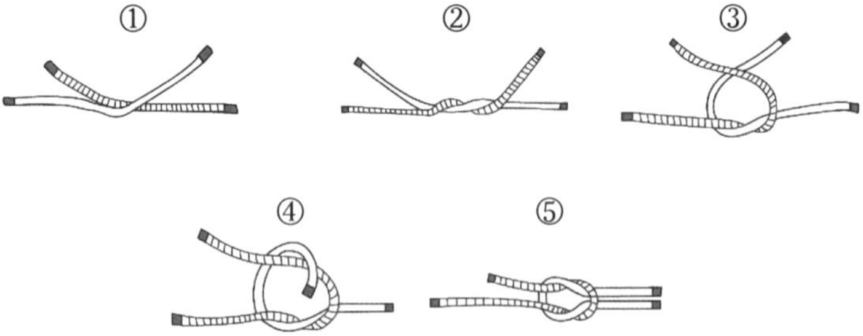

图 6-1　平结步骤分解图

工程蝴蝶结步骤分解如图 6-2 所示。

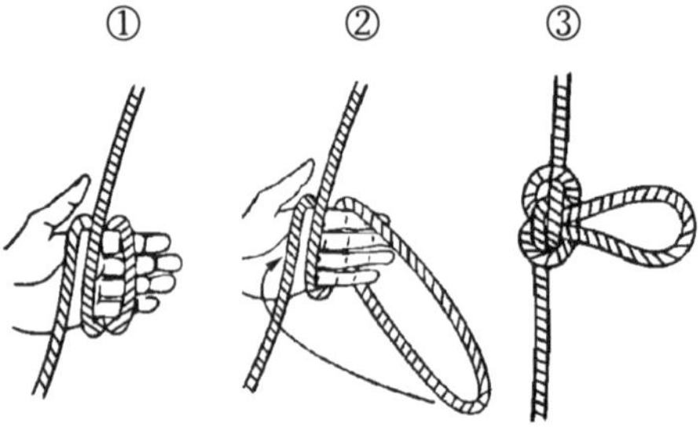

图 6-2　工程蝴蝶结步骤分解图

3. 倒背扣

倒背扣又称叠结或垂直运动扣，适合垂直方向捆绑起吊修补导线预绞丝、线钳、扳手等细长物件。特点：具有牢靠、顺向、防止摇摆等优点。

倒背扣步骤分解如图 6-3 所示。

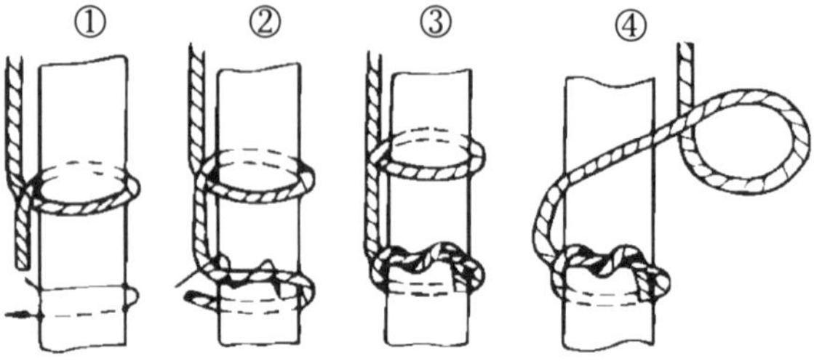

图 6-3　倒背扣步骤分解图

4. 拴马扣

拴马扣是一种打法简单，易结易解的绳结，使用时应确保绳尾是受力端。在输电线路中通常用于绳索牵引、高空救援等。

特点：垂直方向受力会使绳结松散，故不适合绑在容易滑动的东西上。

步骤分解如图 6-4 所示。

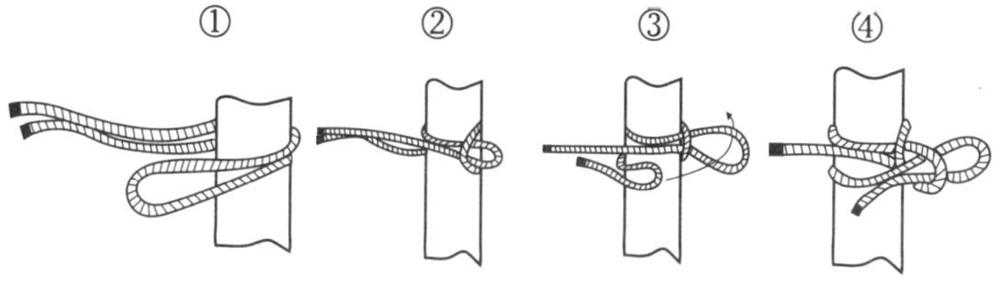

图 6-4 拴马扣步骤分解图

5. 杠棒结

杠棒结也叫抬扣，杠棒结主要用于质量较轻物件的抬运或吊运。在抬起重物时绳结会自然收紧。

杠棒结步骤分解如图 6-5 所示。

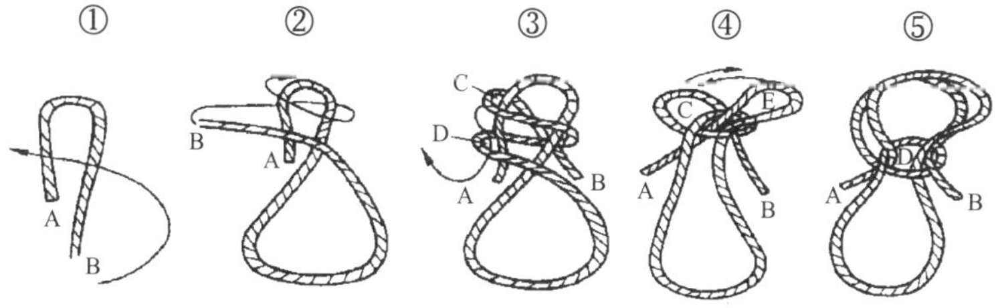

图 6-5 杠棒结步骤分解图

6. 紧线扣

紧线扣用在紧线过程中，用来绑结导线，使用紧线扣的前提是导线上有一个固定的圆圈式回头套，紧线扣在此套中绑扎。

紧线扣步骤分解如图 6-6 所示。

7. 挂钩结

挂钩结主要用于吊装千斤绳与起重机械吊钩的连接。绳结的结法方便、牢靠，受力时绳套滑落至钩底不会移动。

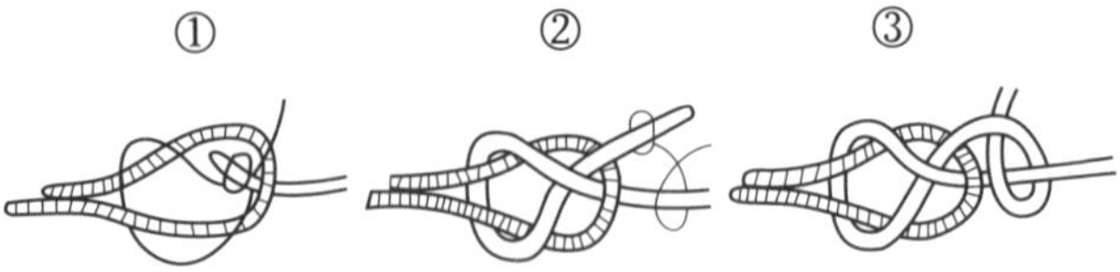

图 6-6　紧线扣步骤分解图

挂钩结步骤分解如图 6-7 所示。

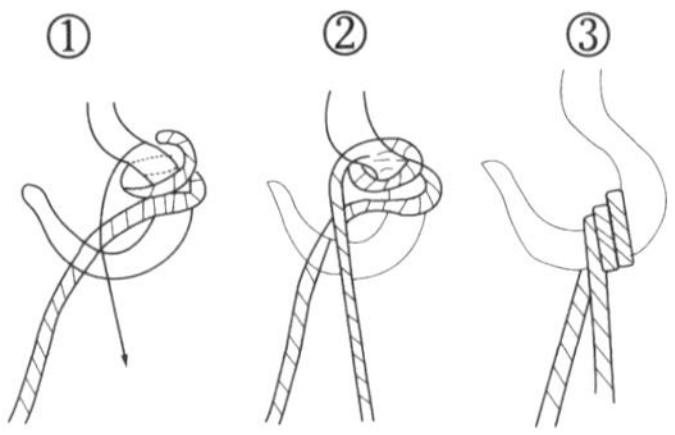

图 6-7　挂钩结步骤分解图

8. 拴柱结

拴柱结主要用于缆风绳的固定或用于溜放绳索时用。用于固定缆风绳时，结绳方便、迅速、易解；当用于溜放绳索时，受力绳索溜放时能缓慢放松，易控制绳索的溜放速度。

拴柱结步骤分解如图 6-8 所示。

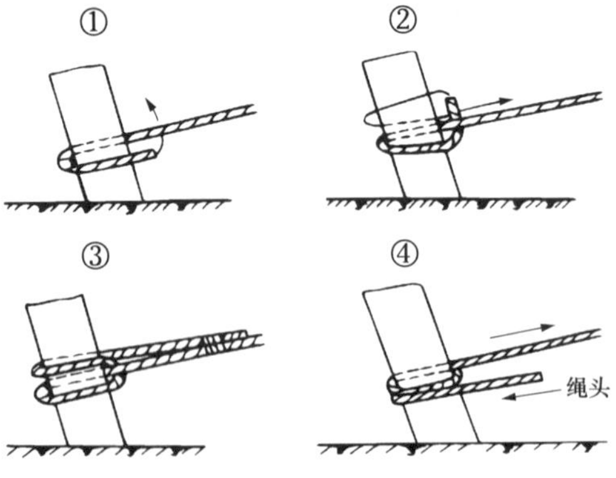

图 6-8　拴柱结步骤分解图

二、户外高空防坠常用绳结

1. 单套结

单套结常在高空作业时用作临时安全带，或绳与绳、绳与眼环临时连接。其特点是打结方便，绳结不会自行松散，形成的套不会收缩与扩大。

单套结步骤分解如图 6-9 所示。

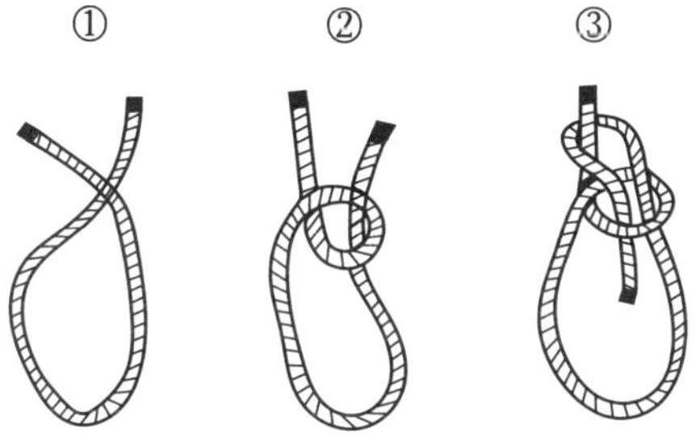

图 6-9　单套结步骤分解图

2. 双套结

用于长绳中段（无头绳）的固定，也可临时代替座板短时间高空作业时使用。

特点：简单实用，尤其在绳索两端使力均等时，双套结可以发挥很大作用。

双套结步骤分解如图 6-10 所示。

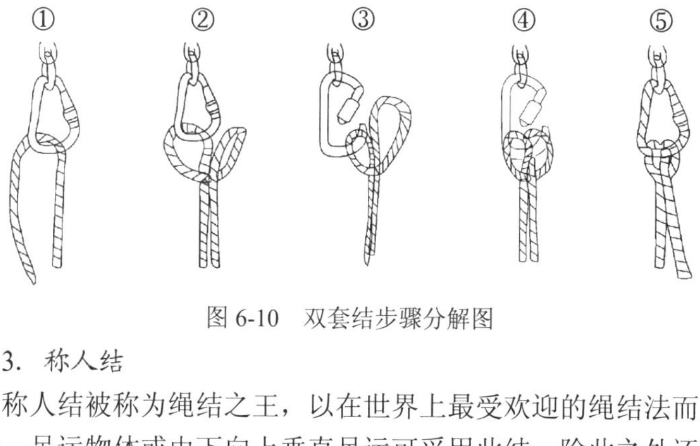

图 6-10　双套结步骤分解图

3. 称人结

称人结被称为绳结之王，以在世界上最受欢迎的绳结法而广为人知。吊运物体或由下向上垂直吊运可采用此结。除此之外还可以系住作业人员作短暂的悬空作业，也可用于救人。其特点是：不会滑脱或夹挤，线圈不会缩小，较为安全，双股水手结在空中作业或从高处吊上、吊下受伤人员时，十分实用。

水手结步骤分解如图 6-11 所示。

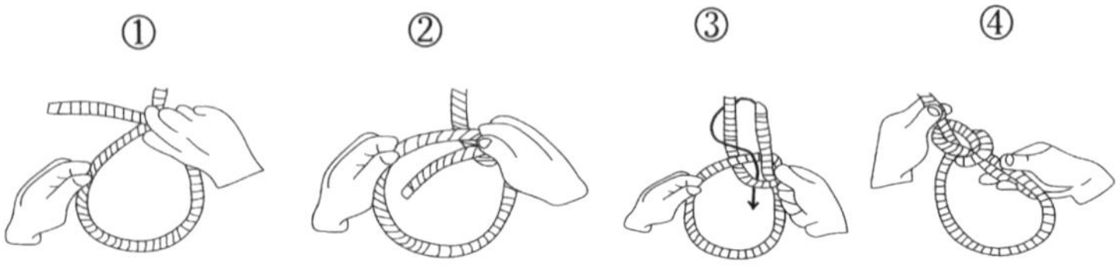

图 6-11　水手结步骤分解图

4. 八字结

主要防止绳索脱离、防滑。其特点是：适合用在较粗的绳索，可衍生变形为滑八字结、双重八字结。其中双八字结较为常用，双八字结的结目结实，不必担心松脱，缺点是不易解开。绑在安全吊带上的登山绳可以使用双八字结。

八字结步骤分解如图 6-12 所示。

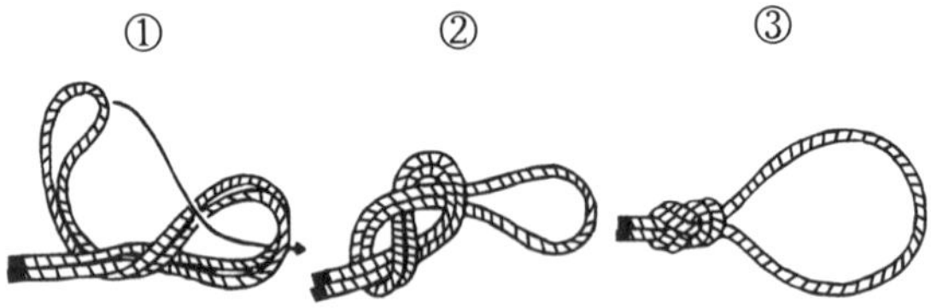

图 6-12　八字结步骤分解图

5. 接绳结

接绳结是连接两条绳索时所用，打法简单，拆解容易，可适用于质材粗细不同的绳索，安全可靠程度相当高。当两条绳索粗细不一时，打的时候必先固定粗绳，然后再与细绳相连。

接绳结步骤分解如图 6-13 所示。

6. 渔人结

英式结、英人结、拖曳结、水结、水人结、钓鱼人结，这些全都是渔人结的别名，用于连接细绳或线的结，虽然只是在两条绳子

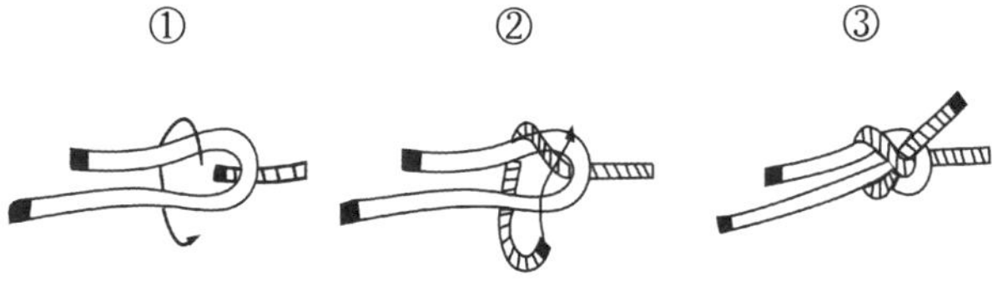

图 6-13　接绳结步骤分解图

各自打上一个单结，然后将其连接起来这般简单的结构，但其强度很高，也可以使用在不同粗细的绳子上。双渔人结是多一次缠绕后打成的结，如此可以增加强度，这个结用于连结两条绳索等，结形大是其缺点。渔人结步骤分解如图 6-14 所示。

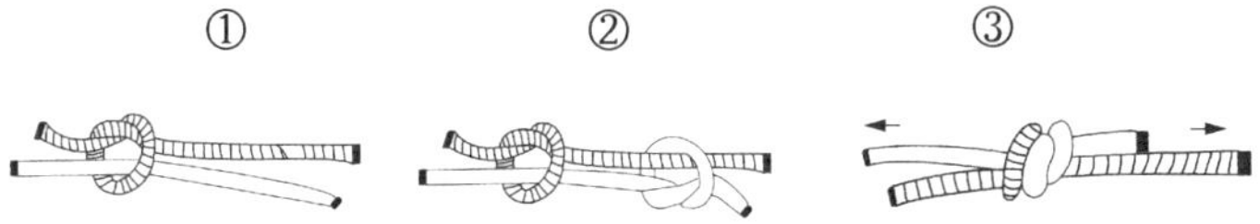

图 6-14　渔人结步骤分解图

三、户外高处救援常用绳结

1. 双环称人结

双环称人结的特征是可以结出两个大小相同的圆圈。如图 6-15 所示，可乘坐在上面，被使用在紧急救助及高台作业上。但不适用在失去意识及负伤者等无法靠自己的力量抓住绳索的人身上。此外，圆圈太大或太小都不行。再者，A 的圆圈大小可随着结法做调整，如果结出的 A 圈只有一只手可通过的大小时，结出的绳结更加安全可靠。双环称人结具体操作步骤如图 6-15 所示。

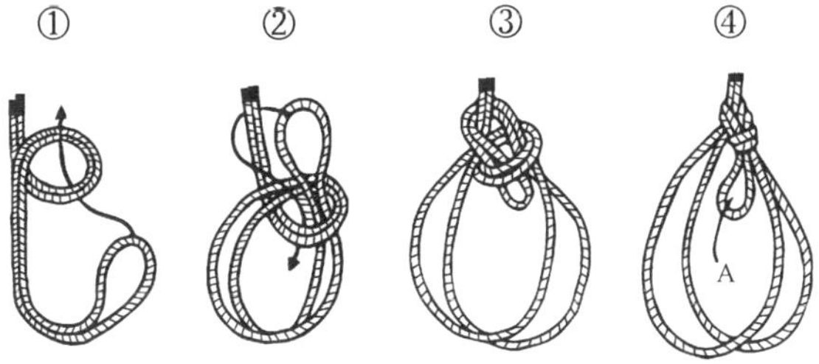

图 6-15　双环称人结步骤分解图

2. 双称人结

和双环称人结相同，特征是可结出两个环圈，仍是使用重叠的绳索来进行。这种结法虽然已经很老旧，但还是活跃于各种场合，如急难救助、高台工作等，主要是用在吊运人的工作。在结出的两个环圈大小相同时，各将一只脚放入一个绳环里，如图 6-16（b）所示，即使人员放开双手也是很安全的，对救助失去意识的人或是要用两手工作的人来说相当便利。两绳环大小不同时，坐在较大的圈里，将较小圈套缠在腋下，如图 6-16（c）图所示。

双称人结具体操作步骤如图 6-16（a）所示。

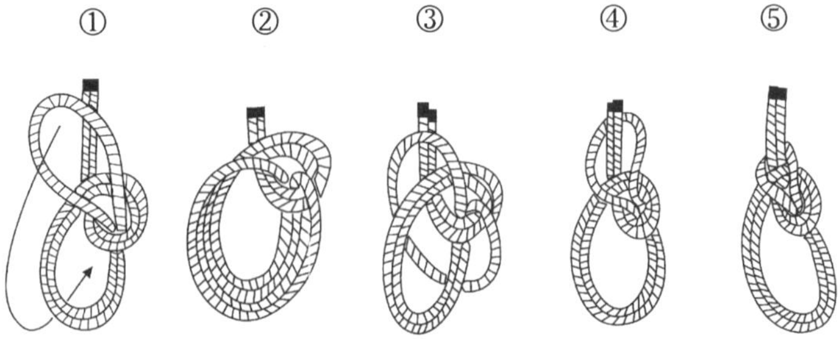

（a）步骤分解

（b）两环圈相同

（c）两环圈不同

图 6-16　双称人结操作步骤分解及使用

3. 葡萄牙式称人结

此种名称的由来是源起于葡萄牙的水手们，用此种结法运用在锚上面。它的别名是法式称人结。

它也是一样要结成两个绳环，绳环大小也可自由地变换。此外，它也有可以结出两个以上的圆，视其用途，一边调整其大小一边来结。不过它的缺点是即使绑紧了，绳环的大小仍是会容易改变。

和双环称人结或双称人结一样的是被使用在吊运人的方面，但也有像插图一般地将两个圆圈结在一个物体上。两个圆圈可以提高强度，即使再重的东西也没有问题。

葡萄牙式称人结具体操作步骤如图 6-17 所示。

图 6-17　葡萄牙式称人结步骤分解图

4. 西班牙式称人结

此结虽为称人结之一，但却是和称人结不同种类的绳结。它从很早以前就已被广泛使用。和双称人结相同，将脚伸入不同的圈内可以发挥支撑人体重量的功能。另外，在梯子或是长条的棒子上，保持平行的状况下吊运物品也是极有用的。

西班牙式称人结可以结出几种绳结。每一种的步骤都很复杂，但在这里介绍一个最容易理解的方法。着重安全性、坚固实用性。

西班牙式称人结具体操作步骤如图 6-18 所示。

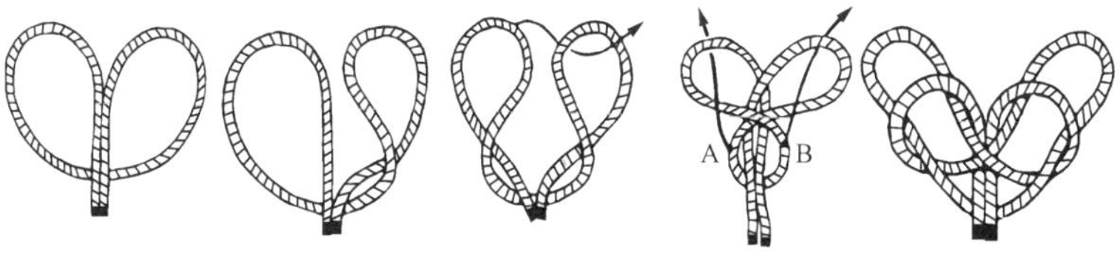

图 6-18　西班牙式称人结步骤分解图

尽管我们把称人结称作绳结之王，但它并非万能的。如想将系满重物的绳索打个称人结就行不通。另外，打上称人结的绳索，如挂上重物则解不开。打称人结时，务必要熟练到不用看就能快速结好的程度，但却不能因此而粗心大意，特别在高处救援时，以称人结打的绳索作为救命绳的时候，这种粗心大意会导致失去生命。

5. 普鲁士抓结

普鲁士抓结使用的前提条件是他由双渔人结做成的绳圈制作而成。普鲁士抓结优点是在突然受力的情况可有效制停。

普鲁士抓结可以应用在输电线高空救援过程中，在发生意外坠落时，下坠人员在无多余上升器的情况下可利用两根长度不同的普鲁士抓结沿救援绳索向上攀爬。

鲁士抓结具体操作步骤如图 6-19 所示。

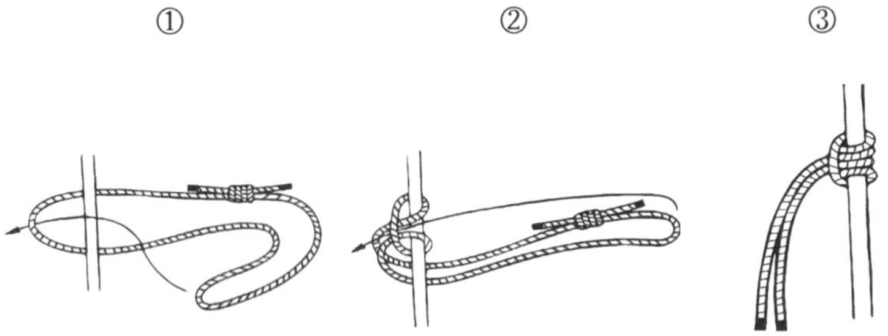

图 6-19　普鲁士抓结步骤分解图

第七章

地面作业技术替代高处作业方案

架空输电线路因长期暴露在大气环境中，极易受环境影响而发生故障。近年来，风筝线、塑料地膜、帆布、广告条幅等悬挂物已成为架空输电线路的严重危害之一。它们缠绕、悬挂在导线上，极易造成高压输电线路发生单相接地、相间短路等故障。清除异物，依据现有技术，采用激光炮、无人机喷火等先进设备可代替人工高效处理异物缺陷，保障电网安全运行。

同时，在西电东送的战略背景下，电网规模迅速发展，电压等级不断提高。铁塔的高度也从50～60m增长到了90～100m，这对日常登塔检查工作人员的作业强度和人身安全提出了更高要求。

为减轻作业强度，提高作业安全水平，本章介绍了高精度防坠轨道、导线端作业机器人、攀爬助手、小飞人等先进设备，辅助高处作业人员作业。这些新装备能够有效降低人力登塔的劳动强度，同时提供安全可靠的防坠保护。

第一节　取代高处作业设备

一、激光炮的使用

使用激光炮可实现作业人员不进入高压强电场、设备不接触高压输电线路的远距离非接触式异物带电清除，对提高输电线路的供电可靠性和确保检修人员的作业安全具有重要的理论意义和重大实用价值。

1. 工作原理

以激光作为能量，在地面用激光炮发射的激光束照射异物，在异物上形成激光烧蚀（或切割）区，将异物的整体烧蚀或分割（或切割）成碎片（或碎段），把高压输变电设备上悬挂的风筝线、塑料地膜、帆布、广告条幅等非金属异物清除，如图 7-1 所示。

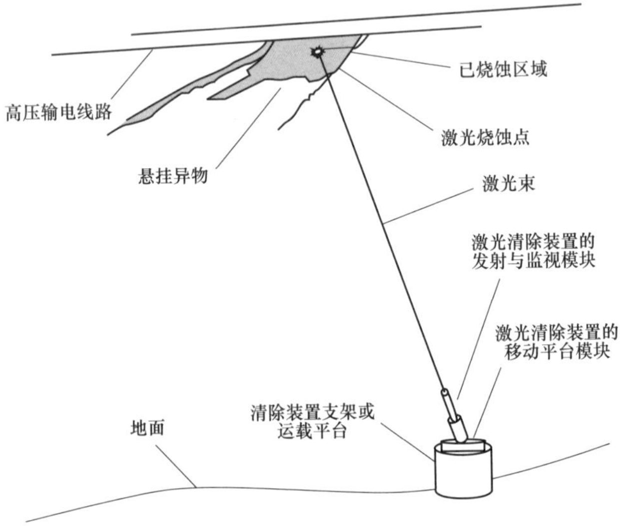

图 7-1　高压输电线悬挂物非接触式激光清除方法原理框图

2. 装备特点

（1）远距离、非接触式清除，使作业人员远离高压电场和磁场，消除传统作业的危险性。

（2）不需要停电作业，时间短、损失率低。

（3）操作简单方便，便捷高效。

（4）对电网设备无伤害。

3. 装备参数表

激光炮的型号及参数见表 7-1。

4. 操作方法

（1）对激光炮进行组装。

（2）在显示屏中找到悬挂的异物，通过云台和相片模式进行精确对准。

表 7-1　　激光炮的型号及参数

型号	n-C3020	NF-C1510
工作距离	200m	100m
激光功率	300W	150W
激光波长	1.06μ	1.06μ
冷却方式	水冷	风冷
工作环境温度	10～40℃	0～40℃
工作环境湿度	<60%	<60%
瞄准方式	望远镜+平板显示	望远镜+平板显示
调节角度	水平 360° 垂直 0～70°	水平 360° 垂直 0～70°
尺寸（长×宽×高，mm）	900×600×700	425×425×140
量（kg）	70	20
供电	220V 2kW	24V500AH
可清除材料线、塑料、地膜、无布、网、孔明灯、细树等		

（3）对准异物后拧动主机箱安保钥匙，出光。

（4）通过调节光功率及光功率密度，输出激光经透镜瞄准直接聚焦后对线路上的塑料膜、遮阳膜、渔网等异物进行照射。

（5）利用激光的热效应熔断异物并掉落。

二、喷火无人机的使用

由于无人机具备携带便利、使用灵活、速度敏捷、覆盖范围广、适应环境能力强等诸多优势，可以大幅提升工作效率，并降低各项成本投入，避免一些危险情况，因而深受用户青睐。如今，以行业为目标的工业级无人机正迅速崛起，并在地理测绘、紧急救援、应急通信、农业植保、电力巡检等领域实现了广泛应用。

1. 工作原理

针对高压输电线路上各种可燃异物的清理问题，利用喷火无人机携带喷火装置，如图 7-2 所示，采用燃烧的方法清除异物。喷火无人机通过搭载燃料储存装置、油泵和自动点火装置等任务模块，能够在不影响线路运行和人员安全的情况下，对高压、高空电力线路上的异物进行定点清除。使用该装置的工作人员无需靠近输电线路，通过远程遥控即可在带电情况下快速清除塑料薄膜、风筝线等异物，使原来数小时的清障时间缩短到数分钟，不仅提高了工作效率，还降低了安全作业风险。

2. 操作方法

喷火无人机准备完毕→喷火无人机飞行到导地线异物位置→对导地线异物进行清除→喷火无人机返航。较吊篮燃烧法减少 5 步，用时 30min。作业时，需作业人员 3 名，无人机一架。

图 7-2 喷火无人机

3. 装备特点

（1）无需人员登塔操作，节省了上、下杆塔时间。

（2）成本比较绝缘斗臂车作业法低。

（3）喷火无人机作业只需人员对无人机进行远程遥控，不受下方地理条件限制。

第二节 降低高处作业强度设备

一、攀爬助手

目前，新建线路大型跨越铁塔和少量其他铁塔安装了铁塔攀爬机、电梯和施工升降机等载人登塔设备。普通铁塔普遍没有设计安装载人登塔设备，线路的检修维护及登塔作业只能依靠人力完成。而杆塔攀爬助手的研制降低了作业人员的劳动强度，提高了工作效率，保障了作业人员安全。

杆塔攀爬助手主要应用于特高压、超高压及其他电压等级输电线路（如图 7-3 所示），协助作业人员完成登塔作业，减轻登塔人员劳动强度，提高工作效率，保证登塔作业过程中的安全性。杆塔攀爬助手携带方便、安全可靠等特点，对减轻登塔作业强度，提升线路维护工作效率具有重要意义。

图 7-3　杆塔攀爬助力装置

1. 工作原理

输电线路杆塔攀爬助力装置构成如图 7-4 所示，由导轨、攀爬助手和防坠器组成。导轨沿着输电线路杆塔塔腿布置安装，固定于杆塔上，作为攀爬助手和防坠器的运行轨道，攀爬助手通过安全绳与登塔作业人员相连，给登塔作业人员提供恒定的提升力，减轻登塔人员体力消耗。同时，独立的防坠器通过安全绳与登塔人员安全带连接在一起，对登塔人员提供独立的机械保护。攀爬助手和防坠器为可拆卸结构，使用时，安装于助爬导轨上；登塔作业完成后，攀爬助手和防坠器可从导轨上拆卸下来，简单方便。

2. 结构

输电线路攀爬助手沿导轨运动时，必须保证可靠的附着在导轨上。攀爬助手采用机械方式增大正压力，依靠正压力产生的摩擦力设备附着在导轨上。攀爬助手主要由压紧机构、导向结构、驱动系统、控制系统、动力系统等构成。

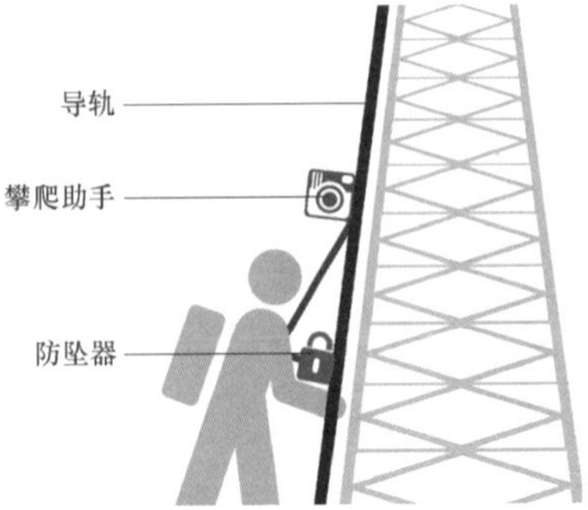

图 7-4　输电线路杆塔攀爬助手构成

压紧结构提供并保持攀爬助手对导轨的压紧力，导向结构用于助爬器运动的导向，防止攀爬助手脱落。驱动系统用于驱动攀爬助手运动和制动。控制系统接收各功能开关的控制信号，控制攀爬助手执行相应动作，并对攀爬助手运行状态进行监测控制。动力系统采用锂电池，为攀爬助手提供动力。

3. 特点

（1）对登塔人员提供向上的提升力，显著降低劳动强度。

（2）具有独立运行的自锁器，提供独立的防坠保护。

（3）速度跟随作业人员攀爬速度变化，保证了助力效果和作业安全。

（4）具备自动下降返回功能，便于重复使用。

（5）自重轻，携带运输方便，安装拆卸简洁快速。

（6）设备具有互换性，一台设备可满足多基铁塔登塔作业要求。

（7）自锁器具备可打开拆卸功能，可在导轨任意位置安装拆卸。

（8）导轨具备限位装置，设备接近限位装置时自动停止运行。

（9）导轨自重轻，连接方式灵活，可在任何位置设置与铁塔的连接点，现场安装简单方便。

二、走线机器人

走线机器人是一种辅助作业人员在导线上行走的走线器，它改变了传统的走线方式，可以提高工作效率，可以做到在规定时间内对所检线路全面性检查，不留空白点，降低安全风险，提高综检质量，确保线路可靠运行。随着 750kV 输电线路不断建设与发展，导线消缺工作量也逐渐增大，在人员紧缺、时间紧迫的情况下，走线机器人不但降低了导线作业人员的体能消耗，确保了作业人员安全，同时提高了工作效率和工作质量，降低了导线作业的难度。

1. 工作原理

走线机器人是一种电能驱动装置，它适用于六分裂输电导线，是一种线上载人辅助工具（如图 7-5 所示）。作业人员通过控制面板控制走线机器人的行驶速度、启停等，在过间隔棒时，需要作业人员重新安装并设置安全措施。走线机器人的投入使用减少了高处作业人员的劳动强度，提高了工作效率，同时也保障高处作业人员的人身安全。

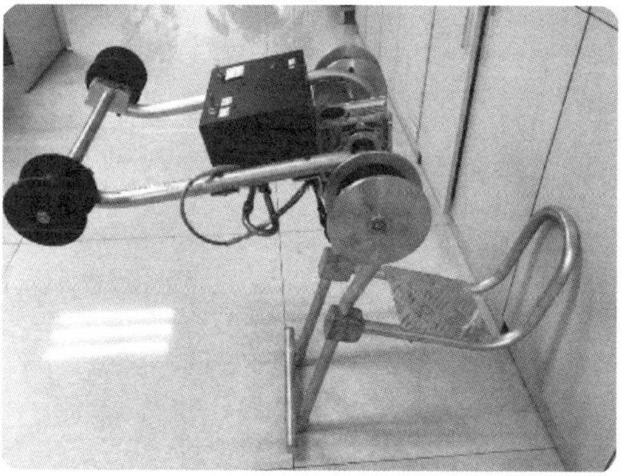

图 7-5　六分裂导线走线机器人

2. 结构

（1）控制板面板上设置有控制按钮，控制按钮与控制单元连接，控制按钮包括前进、后退、停止功能。

（2）两个动力轮安装在动力轴的两端，动力轴的端部插入动力轮的内孔后紧固连接，动力轮随同动力轴旋转。

（3）支撑轴通过支架前端两侧的支座安装在支架的前端，在支撑轴的两端安装有支撑轮，支撑轮可绕支撑轴自由转动。

（4）支架是由多个空心管组成的框型结构，采用高强度铝合金管材弯曲铆接（焊接）而成。座垫选用高强度纤维编制而成。控制各部分重量后，走线器总质量不超过 12kg。

3. 特点

使用走线机器人进行走线，比人工徒步走线相比时间缩短一半，在电量充足的情况下可以完成人工作业 2 倍的工作量，效率提升了 50%。

三、小飞人

在电网的安装、维护和检修、救援工作中，由于大部分电网杆塔架设在野外或山区，周围道路狭窄或不通，大型起重设备无法到达，同时野外无可用市电，无法使用大功率电动设备，给施工过程人员攀登杆塔及往复运送工具和材料都造成很大的困难。

小飞人使用大功率电池作为动力源，可在野外无市电的环境使用，具有体积小，质量轻，便于携带和运输的特点，可以人工轻松到达塔架维护检修地点，可以结合各种绳索架设完成不同类型杆塔或各种不同工况下的维护和检修工作，具有广泛的适用性（如图 7-6 所示）。最重要的是小飞人具有很高的安全性，可将检修人员或工具材料安全、方便、快捷地提升到工作地点，提高了检修人员攀登杆塔的安全性和效率，减少人员劳动强度，保证人身安全。

1. 工作原理

小飞人采用电池驱动技术，可以轻松地将操作者提高 200～400m，单手控制，可调节速度，随时准确制动刹车。特殊环境下，也可以选择遥控升降。如果电池耗尽，使用者可以通过机械方式手动下降。整套设备可以随身携带，在狭小的空间也可以顺利工作，不受场地、环境限制。很多传统升降方法难以完成的空中任务，小飞人都可以轻松解决。

2. 特点

舒适性：座椅设计，有效防止悬吊伤害，可以长时间工作。

强大性：承重 300kg，一块电池可上升 550m。

便携性：质量 19kg，包装箱带有滚轮，方便移动。

灵活性：可结合各种绳索架设，可用于垂直、水平面、斜面及其他复杂工况。

图 7-6　小飞人

安全性：设备工作时使用双绳作业（一根工作绳一根安全绳），可以有效保护人员和设备的安全，同时，设备本体具有过载保护及手动下降机械式保护功能，具有很高的安全性。

方便性：使用快速充电的大功率电池，可在野外无电的环境使用。

小飞人升降座椅技术参数见表 7-2。

表 7-2　　小飞人升降座椅技术参数

性能/部件	数　值
绳索	静态，半静态绳索，直径 10～13mm，EN1891
是否含座椅	是
是否可以安装支架	可以
安全工作载荷	300kg
上升速度	每分钟 0～14m（120kg）每分钟 0～10m（280kg）
重量	19kg（含座椅）+3.6kg（电池）
尺寸	815/538/326mm
推荐的工作温度	–20～50℃
作业上升高度	≤1000m
电机	无刷电机

续表

性能/部件	数　值
额定电压	28V
净功率	0.8kW
使用时间	一块电池上升 550m，工作下降不需要动力
建议持续使用时间	60min（120kg）20min（300kg）
防护等级	IP54

四、绝缘子零值检测机器人

绝缘子零值检测机器人的研究国内外基本站在同一水平线上，甚至某些具体领域还处于国际领先水平。绝缘子检测机器人的研究主要分为 2 大类别：轮式和履带式。在这里介绍的是一种更为新式的自动攀爬型机器人（如图 7-7 所示），它具备绝缘子的零值检测和清扫功能的机器人，对输电线路巡检和绝缘子串在线绝缘阻值检测和清扫工作具有重要意义。

图 7-7　绝缘子零值检测机器人

1. 工作原理

绝缘子零值检测机器人是一种能够自动攀爬绝缘子串，并对每片绝缘子的电气性能进行逐片检测。它的投入使用降低了高空作业的危险性，提高了绝缘子巡检的工作效率。检测装置机构简单，外形精巧，方便运输与携带，对保证电力系统的安全运行具有重要的意义。

2. 结构功能

（1）采用双臂交替旋转攀爬式结构，双臂通过配合能更为准确轻松地搭进相邻两片绝缘子盘片间隙中，能够适应更多类型绝缘子串的检测工作。同时，此设计体积小巧，重量轻，相比现有类似绝缘子检测装置，能够很大程度方便工作人员携带，为装置运输、安装和拆卸工作提供了便利条件。

（2）四根主体导向杆设计，可保证装置在绝缘子串上运动时不会发生位置偏离，进而提高绝缘子的检测精度。

（3）弹性支架与弹性极限保护机构二者的共同作用，可以避免因外力作用如大风，震动干扰等导致装置主体脱离绝缘子串而发生的意外坠落事件。提高了装置工作的稳定性和安全性。

第三节　减少高处作业人次设备

一、高精度防坠轨道

目前，应用于超（特）高压输电线路上的防坠轨道形式多样，生产厂家众多，质量参差不齐。在外力、自然条件作用下，防坠轨道多有发生变形等情况，导致防坠器无法正常使用，这使得高处作业人员的安全面临严峻的挑战。而高精度防坠轨道的出现解决了这一不可调和的矛盾。

高精度防坠轨道以高强度铝合金为材料，具有自重轻、防腐性能好、连接精度高，无错位等优点。它不但可以很好地配合防坠器的使用，还可以用来承载攀爬助手，以减轻高处作业强度，保障作业人员安全，具体参数见表 7-3。

1. 工作原理

与防坠器配合使用，可以避免传统防坠轨道的卡滞问题，为防坠器提供了一个流畅、可靠的轨道，保障作业人员在上、下杆塔过程中的安全；与攀爬助手配合使用，作为攀爬助手的“快车道”有着连接精度高，无错位等优点，通过攀爬助手上下驮载工器具，降低了高处作业的强度，有益于输电线路的安全运行。

2. 装备特点

（1）导轨自重轻。

（2）防腐性能好。

（3）连接精度高，阶差小，无错位。

（4）连接简单，安装方便。

（5）导轨与夹具连接位置连续可调。

（6）自锁器上、下铁塔无卡滞现象，顺畅通过导轨对接及变坡等位置。

表 7-3　　高精度防坠轨道与 T 型防坠落装置导轨参数对比

项目	高精度防坠轨道	T 型防坠落装置导轨
自重	1.7kg/m	4.3kg/m
功能	承载攀爬助手和防坠保护	防坠保护
表面质量	挤压成型和氧化处理：表面质量高	热浸锌：锌层不均匀，端部等锌瘤多
对接精度	阶差和缝隙＜1mm	阶差和缝隙较大
安装性能	易于安装	连接点固定，需要配打孔等处理

二、FR 型导线防振锤位置调整遥控装置

目前，国内外针对架空输电线路导线防振锤滑移消缺多采用停电作业方式、等电位作业方式，但尚无针对 110kV 架空输电线路中相防振锤滑移消缺的装置，且国内外各线路运行单位均采取停电方式进行处理，线路运行可靠性受到影响。

FR 型导线防振锤位置调整遥控装置采用远程控制方式代替传统人工作业（见图 7-8，图 7-9），实现了消除 110kV 双回路中相滑移防震锤的工作的方式由高空转变为地面遥控，避免了作业人员与带电体的直接接触，大幅提高了作业的安全性提高效率的同时，还能减少传统停电作业方式带来的停电效益损失。

1. 工作原理

（1）用电动机带动套筒转动，从而达到松、紧的功能，电动机转速为：80r/h。

（2）经现场测量套筒力矩为：85Nm，满足相关运行规程的规定。

（3）安装 4 根导柱，加强定位的稳固性。

（4）利用远程监控部分提升定位的准确性。

（5）同时安装了限位器。

图 7-8　FR 型导线防振锤位置调整遥控装置

图 7-9　FR 型导线防振锤位置调整遥控装置

2. 操作方法

（1）1 人携带绝缘绳索登塔至地线横担。

（2）将绝缘滑车挂在架空地线上，利用绝缘绳将 FR 型导线防振锤位置调整遥控装置吊起并下放至作业相导线上。

（3）地面人员远程控制 FR 型导线防振锤位置调整遥控装置将防振锤拉回并紧固，工作完成。

（4）地面人员利用绝缘绳将 FR 型导线防振锤位置调整遥控装置下放至地面。

FR 型导线防振锤位置调整遥控装置大大提高了防震锤滑跑工作的处理效率，降低了劳动强度。

第八章

高处作业典型违章分析

本章主要从作业人员防坠角度出发，结合近年多发典型违章行为，从行为违章、管理违章、装置违章三个方面对《国家电网有限公司电力安全工作规程》（本章简称《安规》）输配电部分条款进行详解，加深作业人员对规程的理解和记忆。

第一节 行 为 违 章

1．违章现象：高处作业未使用安全带，如图 8-1 所示。

图 8-1　高处作业未使用安全带

【违反条款】

《电力安全工作规程（线路部分）》第 9.2.3 条：作业人员攀登杆

塔、杆塔上转位及杆塔上作业时，手扶的构件应牢固，不准失去安全保护，并防止安全带从杆顶脱出或被锋利物损坏。

【条款解读】

作业人员手扶的构件要承担作业人员重量，因此构件应牢固。使用脚扣攀登杆塔时应全过程中使用安全带，杆塔上作业和转位时应全过程使用安全带或后备保护绳，防止作业中失去安全保护。

在杆塔上使用安全带时，应防止安全带在作业过程中被锋利物体损坏导致断裂，电杆顶部或横担端部使用安全带时均应防止安全带从固定部位脱出。

2. 违章现象：后备保护绳超过 3m 时，未使用带有缓冲器的后备保护绳，如图 8-2 所示。

图 8-2　后备保护绳超过 3m 未使用带有缓冲包后备保护绳

【违反条款】

《电力安全工作规程（线路部分）》第 9.2.4 条：在杆塔上作业时，应使用有后备保护绳或速差自锁器的双控背带式安全带，当后备保护绳超过 3m 时，应使用缓冲器。安全带和后备保护绳应分别挂在杆塔不同部位的牢固构件上。后备保护绳不准对接使用。

【条款解读】

在绝缘子和导线上使用安全带，可能因绝缘子串断裂，造成作业人员脱出安全带而坠落，因此应使用带后备保护绳或带速差自锁器的双控背带式安全带（GB 6095—2009《安全带》中称为“坠落悬挂安全带和围杆带组合”）。根据新的安全带标准，在高处作业中使用的安全带应为坠落悬挂安全带，使用后备保护绳时其悬挂点应在后背、后腰或胸前。

杆塔上移位或上下绝缘子串工作时，应同时使用围杆带和后备保护绳等方式，防止失去安全带保护而高处坠落。

后备保护绳长度超过 3m 时选用带有缓冲器的坠落悬挂安全带，以防止作业人员意外坠落时，自身的冲击力对人体造成的伤害。无缓冲器时，对接使用后备保护绳，当坠落高差超过 3m 时会造成作业人员因受较大的冲击力而受伤害。有缓冲器时，对接使用后备保护绳，发生坠落时，两个及以上的缓冲器同时释放增加了坠落距离同样造成人身伤害。

后备保护绳与安全带分别挂在杆塔不同部位的牢固构件上的目的，是防止作业过程中固定安全带的悬挂构件出现异常，安全带和保护绳同时失去保护作用。

3．违章现象：攀爬拉线松动的杆塔，如图 8-3 所示。

图 8-3　攀爬拉线松动的杆塔

【违反条款】

《电力安全工作规程（线路部分）》第 9.2.1 条：攀登杆塔作业前，应先检查根部、基础和拉线是否牢固。新立杆塔在杆基未完全牢固或做好临时拉线前，禁止攀登。遇有冲刷、起土、上拔或导地线、拉线松动的杆塔，应先培土加固，打好临时拉线或支好架杆后，再行登杆。

【条款解读】

登杆前，检查杆根是否有损伤、取土，铁塔是否缺少塔材，螺栓是否齐全和紧固，拉线是否齐全、松动或严重锈蚀等，以确定杆塔稳定性和安全性，防止作业人员登杆过程中，由于登杆行为改变杆塔受力，导致倒杆或倾斜危及作业人员的安全。

新立杆塔基础未完全牢固或安装临时拉线前，登杆的荷载和冲击容易造成杆塔倾倒。

杆塔在山坡、河道等处，由于水流对杆塔基础的冲刷，或杆塔基础附近有取土现象时，将改变杆塔基础的抗倾覆力；受上拔力的杆塔周围开挖对于杆塔的稳固的影响更加明显；杆塔上的导、地线或拉线松动即改变了杆塔的受力方式，对杆塔的稳固性也产生影响。因此，攀登这类杆塔前应对杆塔加装临时拉线等补强措施。

4. 违章现象：在相分裂导线上作业未使用后备保护绳，如图 8-4 所示。

图 8-4　相分裂导线上作业未使用后备保护绳

【违反条款】

《电力安全工作规程（线路部分）》第 9.2.7 条：在相分裂导线上工作时，安全带（绳）应挂在同一根子导线上，后备保护绳应挂在整组相导线上。

【条款解读】

相分裂导线上工作时安全带（绳）固定在其中一根子导线上，便于作业人员工作和行走。将后备保护绳挂在整组相导线上，保证过间隔棒时不失去保护，或因单根导线断裂发生坠落的后备措施。

5．违章现象：杆塔上有人作业时，调整拉线，如图 8-5 所示。

图 8-5　杆上有人的情况下调整拉线

【违反条款】

《电力安全工作规程（线路部分）》第 9.3.15 条：检修杆塔不准随意拆除受力构件，如需要拆除时，应事先做好补强措施。调整杆塔倾斜、弯曲、拉线受力不均或迈步、转向时，应根据需要设置临时拉线及其调节范围，并应有专人统一指挥。杆塔上有人时，不准调整或拆除拉线。

【条款解读】

杆塔的受力部件是杆塔的主要结构件和承力件，拆除后容易对杆塔整体受力结构改变而导致杆塔受损或变形。因此，拆除前应做好补强措施。

调整杆塔倾斜、弯曲、拉线受力不均，需要通过松紧拉线进行配合调整，超过拉线调节范围时应使用临时拉线。采取开挖基础和拆除原有拉线调整杆塔塔腿迈步，以及放松拉线调整杆塔转向时，为保证杆塔的稳固性，在拆除和松弛拉线前应事先设置临时拉线。由于以上作业需要多组人员配合施工应指定专人指挥。

调整或拆除拉线会破坏杆塔的受力平衡，为防止意外倒杆伤人及调整中杆塔部件异常变化造成塔上的作业人员受惊吓失稳坠落，故杆塔上有人作业时，不准调整或拆除拉线。

6. 违章现象：危险边沿进行工作时，临空一面未装设安全网或防护栏杆，且未使用安全带，如图 8-6 所示。

图 8-6 危险边沿进行工作未使用安全带

【违反条款】

《电力安全工作规程（线路部分）》第 10.4 条：在坝顶、陡坡、屋顶、悬崖、杆塔、吊桥以及其他危险的边沿进行工作，临空一面应装设安全网或防护栏杆，否则，作业人员应使用安全带。

【条款解读】

在屋顶、悬崖、杆塔及其他危险的边沿进行工作时，临空一面应装设安全网或防护栏杆，防护栏杆要符合安装要求（应设 1050～

1200mm 高的栏杆，在栏杆内侧设 180mm 高的侧板），如安全网或防护栏杆安全设施可靠，没有发生高处坠落的可能，可不使用安全带，否则，工作人员应使用安全带。

7．违章现象：在没有栏杆的脚手架上工作时，未使用安全带，如图 8-7 所示。

图 8-7 在没有栏杆的脚手架上工作未使用安全带

【违反条款】

《电力安全工作规程（线路部分）》第 10.6 条：在没有脚手架或者在没有栏杆的脚手架上工作，高度超过 1.5m 时，应使用安全带，或采取其他可靠的安全措施。

【条款解读】

在没有脚手架或者在没有栏杆的脚手架上工作，高度超过 1.5m、小于 2m 虽不属于高处作业，但是发生高处坠落事故仍然会造成人身伤害，因此应正确使用安全带，或采取其他可靠的安全措施。

8．违章现象：安全带没有挂在牢固构件上，如图 8-8 所示。

【违反条款】

《电力安全工作规程（线路部分）》第 10.9 条：安全带的挂钩或

绳子应挂在结实牢固的构件或专为挂安全带用的钢丝绳上，并应采用高挂低用的方式。禁止系挂在移动或不牢固的物件上［如隔离开关（刀闸）支持绝缘子、瓷横担、未经固定的转动横担、线路支柱绝缘子、避雷器支柱绝缘子等］。

图 8-8 安全带未系在牢固构件上

【条款解读】

安全带的高挂是指挂钩挂在高过腰部的地方。安全带应采取高挂低用的方式，在特殊施工环境安全带没有地方挂的情况下，可采用装设悬挂挂钩的钢丝绳，并确保安全可靠。

安全带在低挂高用或是挂在移动或不牢固物体上的情况下将无法起到有效保护作用。

隔离开关（刀闸）支持绝缘子、线路支柱绝缘子、避雷器支柱绝缘子等设备，由于本身的物理状态（如支柱绝缘子“细”“长”，设备“头重脚轻”），加之瓷横担是脆性材料，极易造成瓷横担断裂、且未经固定的转动横担是不固定的悬挂点，因此，禁止将安全带挂在这些设备上。

9．违章现象：杆塔上转移作业位置时没有安全保护，如图 8-9 所示。

【违反条款】

《电力安全工作规程（线路部分）》第 10.10 条：高处作业人员在作业过程中，应随时检查安全带是否拴牢。高处作业人员在转移作业位置时不准失去安全保护。钢管杆塔、30m 以上杆塔和 220kV 及以上线路杆塔宜设置作业人员上下杆塔和杆塔上水平移动的防坠安全保护装置。

图 8-9　杆塔上转移作业位置时没有安全保护

【条款解读】

高处作业过程中随时需要转移工作地点，因此，应随时检查安全带是否拴牢。尤其在移动作业过程中，应采取双保险安全绳配合使用的“双保险”措施。

输电线路杆塔上作业时，在攀登杆塔、横担上水平移动、导地线上等工作过程中，作业人员都需要移动或转位，采取防坠安全保护装置，可以保证杆塔上移位时不失去安全保护。

10. 违章现象：作业人员站在吊物上，如图 8-10 所示。

【违反条款】

《电力安全工作规程（线路部分）》第 11.1.10 条：吊物上不许站人，禁止作业人员利用吊钩来上升或下降。

【条款解读】

为避免吊物晃动造成的意外伤害，吊物上不许站人。吊钩是用来起吊起重物件的，它没有任何保证作业人员安全的设施、保险装置，因此，禁止作业人员利用吊钩来上升或下降。

11. 违章现象：沿脚手杆攀爬脚手架，如图 8-11 所示。

图 8-10　作业人员站在吊物上

图 8-11　作业人员沿脚手架杆攀爬

【违反条款】

《电力安全工作规程（线路部分）》第 10.11 条：高处作业使用的脚手架应经验收合格后方可使用。上下脚手架应走坡道或梯子，作业人员不准沿脚手杆或栏杆等攀爬。

【条款解读】

脚手架验收合格的基本要求是：

（1）脚手架选用的材料应符合有关规范、规程、规定。

（2）脚手架应具有稳定的结构和足够的承载力。如脚手架应整体牢固，无晃动、无变形；脚手架组件无松动、缺损。

（3）脚手架的搭设应符合有关规范、规程、规定，如 JGJ 130—2011《建筑施工扣件式钢管脚手架安全技术规范》等。

（4）脚手架工作面的脚手板齐全、栏杆完好。

（5）三级以上高处作业的脚手架应安装避雷设施。

（6）应搭设施工人员上下的专用扶梯、斜道等。

（7）脚手架要与邻近的架空线保持安全距离，地面四周应设围栏和警示标志。邻近坎、坑的脚手架应有防止坎、坑边缘崩塌的防护措施。

脚手架斜道是施工操作人员的上下通道，并可兼作材料的运输通道，斜道可分为“一”字型和“之”字型，斜道两侧应装栏杆。为确保人身安全，人员上下脚手架应走斜道或梯子。

脚手杆或栏杆等攀爬过程中易出现人员脱手坠落，而且攀爬过程中易造成脚手架倾覆，所以禁止攀爬。

第二节 管理违章

1．违章现象：考试成绩不合格，直接参与工作，如图 8-12 所示。

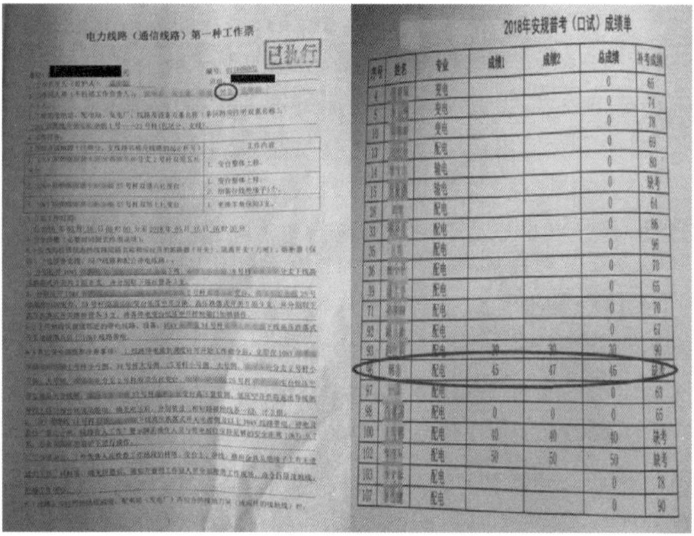

图 8-12　考试成绩不合格直接参与工作

【违反条款】

《电力安全工作规程（线路部分）》第 4.4.1 条：各类作业人员应接受相应的安全生产教育和岗位技能培训，经考试合格上岗。

【条款解读】

各类作业人员应通过安全思想教育、安全知识教育、安全技术教育和岗位技能培训，考试成绩合格后，才能从事相应岗位的工作。各单位应自行制定相应管理制度。

2．违章现象：实习人员单独巡线，如图 8-13 为标准巡线照片。

图 8-13　标准巡线照片

【违反条款】

《电力安全工作规程（线路部分）》第 4.4.3 条：新参加电气工作的人员、实习人员和临时参加劳动的人员（管理人员、非全日制用工等），应经过安全知识教育后，方可到现场参加指定的工作，并且不准单独工作。

【条款解读】

新参加电气工作的人员、实习人员和临时参加劳动的人员（管理人员、非全日制用工等），通常还不具备必要的岗位技能和专业安全知识，因此下现场前，应事先经过基本安全知识教育后，在有经验的电气作业人员全程监护下，参加指定（技术较简单、危险性较小）的工作。

3．违章现象：进入作业现场未穿全棉长袖工作服，如图 8-14

所示。

图 8-14　进入作业现场未穿全棉长袖工作服

【违反条款】

《电力安全工作规程（线路部分）》第 4.3.4 条：进入作业现场应正确佩戴安全帽，现场作业人员应穿全棉长袖工作服、绝缘鞋。

【条款解读】

本条是对作业现场人员穿戴的基本安全要求，但办公室、控制室、值班室和检修班组室等除外。安全帽可防范头部被物体打击、撞击；全棉长袖工作服有一定的阻燃和绝缘作用，并可防止电弧灼伤，隔离电热蒸汽；绝缘鞋可保持对地绝缘。

4．违章现象：外来工作人员安规考试不合格参与工作。

【违反条款】

《电力安全工作规程（线路部分）》第 4.4.4 条：参与公司系统所承担电气工作的外单位或外来工作人员应熟悉本规程，经考试合格，并经设备运维管理单位认可，方可参加工作。工作前，设备运维管理单位应告知现场电气设备接线情况、危险点和安全注意事项。

【条款解读】

明确参与公司系统所承担电气工作（包括系统内、系统外的电气工作）的外单位或外来工作人员应熟悉本规程，外单位或外来工作人员通常不熟悉工作环境和设备情况，因此设备运维管理单位应对其进行告知，包括现场电气设备接线情况、危险点和安全注意事项。

5. 违章现象：未制止作业现场的违章情况，如图 8-15 所示。

图 8-15 未制止作业现场的违章情况

【违反条款】

《电力安全工作规程（线路部分）》第 4.5 条： 任何人发现有违反本规程的情况，应立即制止，经纠正后才能恢复作业。各类作业人员有权拒绝违章指挥和强令冒险作业；在发现直接危及人身、电网和设备安全的紧急情况时，有权停止作业或者在采取可能的紧急措施后撤离作业场所，并立即报告。

【条款解读】

本条为根据《中华人民共和国安全生产法》（2014 修改版）第三章“从业人员的安全生产权利义务”第五十一条和第五十二条规定并结合电网实际的细化条款。国家法律赋予了各类作业人员在生产过程中具有保障生产安全的基本权利。

6. 违章现象：现场勘查记录填写不规范，如图 8-16 所示。

【违反条款】

《电力安全工作规程（线路部分）》第 5.2.1 条：进行电力线路施工作业、工作票签发人或工作负责人认为有必要现场勘察的检修作业，施工、检修单位均应根据工作任务组织现场勘察，并填写现场勘察记录。现场勘察由工作票签发人或工作负责人组织。

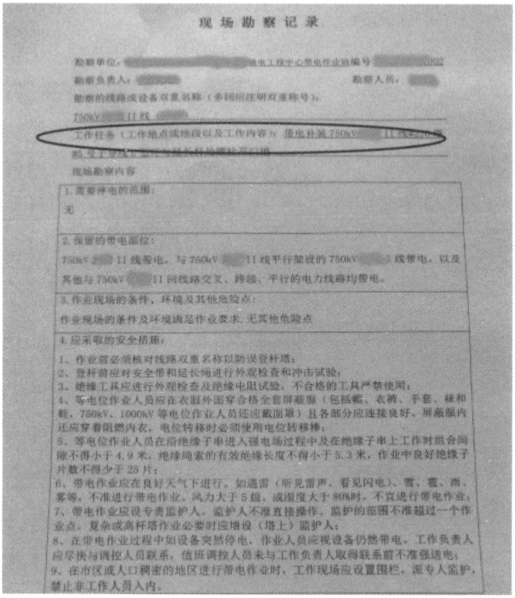

现场勘察记录

勘察单位：[illegible]电工程中心带电作业班编号 [illegible]

勘察负责人：[illegible]　　勘察人员：[illegible]

勘察的线路或设备双重名称（多回应注明双重称号）：

750kV [illegible] II 线 [illegible]

工作任务（工作地点或地段以及工作内容）：带电补装 750kV [illegible] II 线[illegible]

[illegible]

现场勘察内容

1. 需要停电的范围： 无
2. 保留的带电部位： 750kV [illegible] II 线带电，与 750kV [illegible] II 线平行架设的 750kV [illegible] 线带电，以及其他与 750kV [illegible] II 回线路交叉、跨越、平行的电力线路均带电。
3. 作业现场的条件、环境及其他危险点： 作业现场的条件及环境满足作业要求，无其他危险点
4. 应采取的安全措施： 1、作业前必须核对线路双重名称以防误登杆塔； 2、登杆前应对安全带和延长绳进行外观检查和冲击试验； 3、绝缘工具应进行外观检查及绝缘电阻试验，不合格的工具严禁使用； 4、等电位作业人员应在衣服外面穿合格全套屏蔽服（包括帽、衣裤、手套、袜和鞋，750kV、1000kV 等电位作业人员还应戴面罩）且各部分应连接良好。屏蔽服内还应穿着阻燃内衣，电位转移时必须使用电位转移棒； 5、等电位作业人员在沿绝缘子串进入强电场过程中及在绝缘子串上工作时组合间隙不得小于 4.9 米，绝缘绳索的有效绝缘长度不得小于 5.3 米，作业中良好绝缘子片数不得少于 25 片； 6、带电作业应在良好天气下进行，如遇雷（听见雷声、看见闪电）、雪、雹、雨、雾等，不准进行带电作业。风力大于 5 级，或湿度大于 80%时，不宜进行带电作业； 7、带电作业应设专责监护人，监护人不准直接操作，监护的范围不准超过一个作业点，复杂或高杆塔作业必要时应增设（塔上）监护人； 8、在带电作业过程中如设备突然停电，作业人员应视设备仍然带电，工作负责人应尽快与调控人员联系，值班调控人员未与工作负责人取得联系前不准强送电； 9、在市区或人口稠密的地区进行带电作业时，工作现场应设置围栏，派专人监护，禁止非工作人员入内。

图 8-16　现场勘查记录填写不规范

【条款解读】

电力线路施工作业是指运行线路和配电设备的改、扩建工程，如立、撤杆塔，放、紧、撤导地线，配电变压器台架安装，调换设备（如柱上开关、刀闸）等。上述施工作业受工作量、环境和条件等因素的影响，需根据现场情况编制组织措施、技术措施、安全措施和施工方案，辨识作业安全风险，故应进行现场勘察。

有必要现场勘察的检修作业是指工作票签发人或工作负责人对该作业的现场情况掌握、了解不够，需在作业前进行勘察的检修作业。但常规的检查、测量、清扫等工作，一般不需进行现场勘察。

现场勘察的结果是填写、签发工作票，编制组织措施、技术措施、安全措施和施工方案的重要依据。因此，现场勘察应由工作票签发人或工作负责人组织，并按规程附录 A 格式做好记录。

现场勘察后，应填写现场勘察记录，记录主要包括明确需要停电的范围、保留的带电部位、作业现场的条件、地理环境及其他作业风险，必要时应附图说明。作业现场环境主要是指现场的天气环境（如雨雪、大风、高温、低温等）、地理环境（如土质、起吊距离、交叉跨越等）、邻近有电设备等。

检修（施工）开工前，工作票签发人或工作负责人要重新核对现场勘察情况，发现原勘察情况有变化时，应及时修正、完善相应的组织措施、技术措施、安全措施或专项施工方案。

7. 违章现象：未接到口头或电话命令修剪树枝，图 8-17 修剪树枝。

图 8-17　修剪树枝

【违反条款】

《电力安全工作规程（线路部分）》第 5.3.6 条：按口头或电话命令执行的工作为：

a）测量接地电阻。

b）修剪树枝。

c）杆塔底部和基础等地面检查、消缺工作。

d）涂写杆塔号、安装标志牌等，工作地点在杆塔最下层导线以下，并能够保持规程中表 4 安全距离的工作。

【条款解读】

树枝（竹）在线路下方且与带电导线的最小净空距离大于规程

中表 4 规定的修剪工作，可使用口头或电话命令方式。

8. 违章现象：工作票填写不规范，如图 8-18 所示。

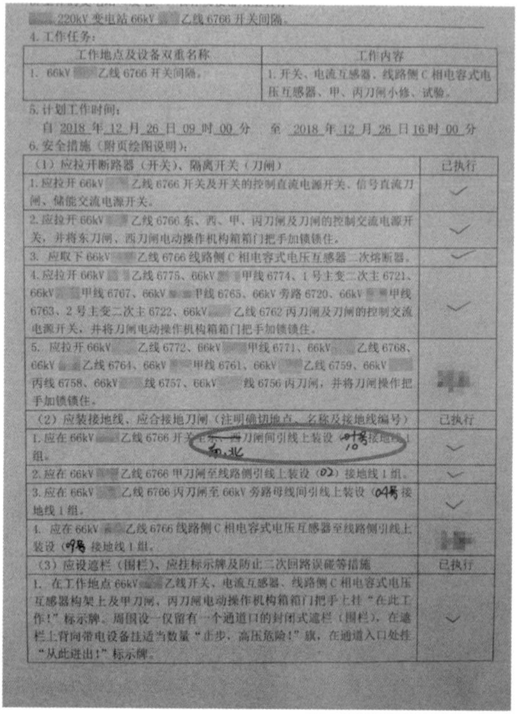

[illegible] 220kV 变电站 66kV [illegible] 乙线 6766 开关间隔。

4. 工作任务：

工作地点及设备双重名称	工作内容
1. 66kV [illegible] 乙线 6766 开关间隔。	1. 开关、电流互感器、线路侧 C 相电容式电压互感器、甲、丙刀闸小修、试验。

5. 计划工作时间：

自 2018 年 12 月 26 日 09 时 00 分 至 2018 年 12 月 26 日 16 时 00 分

6. 安全措施（附页绘图说明）：

（1）应拉开断路器（开关）、隔离开关（刀闸）	已执行
1. 应拉开 66kV [illegible] 乙线 6766 开关及开关的控制直流电源开关、信号直流刀闸、储能交流电源开关。	✓
2. 应拉开 66kV [illegible] 乙线 6766 东、西、甲、丙刀闸及刀闸的控制交流电源开关，并将东刀闸、西刀闸电动操作机构箱箱门把手加锁锁住。	✓
3. 应取下 66kV [illegible] 乙线 6766 线路侧 C 相电容式电压互感器二次熔断器。	✓
4. 应拉开 66kV [illegible] 乙线 6775、66kV [illegible] 甲线 6774、1 号主变二次主 6721、66kV [illegible] 甲线 6767、66kV [illegible] 甲线 6765、66kV 旁路 6720、66kV [illegible] 甲线 6763、2 号主变二次主 6722、66kV [illegible] 乙线 6762 丙刀闸及刀闸的控制交流电源开关，并将刀闸电动操作机构箱箱门把手加锁锁住。	✓
5. 应拉开 66kV [illegible] 乙线 6772、66kV [illegible] 甲线 6771、66kV [illegible] 乙线 6768、66kV [illegible] 乙线 6764、66kV [illegible] 甲线 6761、66kV [illegible] 乙线 6759、66kV [illegible] 丙线 6758、66kV [illegible] 线 6757、66kV [illegible] 线 6756 丙刀闸，并将刀闸操作把手加锁锁住。	[illegible]
（2）应装接地线、应合接地刀闸（注明确切地点、名称及接地线编号）	已执行
1. 应在 66kV [illegible] 乙线 6766 开关至~~东、西~~南、北刀闸间引线上装设（~~07~~10 号接地线 1 组。	✓
2. 应在 66kV [illegible] 乙线 6766 甲刀闸至线路侧引线上装设（02）接地线 1 组。	✓
3. 应在 66kV [illegible] 乙线 6766 丙刀闸至 66kV 旁路母线间引线上装设（04 号接地线 1 组。	✓
4. 应在 66kV [illegible] 乙线 6766 线路侧 C 相电容式电压互感器至线路侧引线上装设（09 号接地线 1 组。	[illegible]
（3）应设遮栏（围栏）、应挂标示牌及防止二次回路误碰等措施	已执行
1. 在工作地点 66kV [illegible] 乙线开关、电流互感器、线路侧 C 相电容式电压互感器构架上及甲刀闸、丙刀闸电动操作机构箱箱门把手上挂“在此工作！”标示牌。周围设一仅留有一个通道口的封闭式遮栏（围栏），在遮栏上背向带电设备挂适当数量“止步，高压危险！”旗，在通道入口处挂“从此进出！”标示牌。	✓

图 8-18　工作票填写不规范

【违反条款】

《电力安全工作规程（线路部分）》第 5.3.7.1 条：工作票应用黑色或蓝色的钢（水）笔或圆珠笔填写与签发，一式两份，内容应正确，填写应清楚，不得任意涂改。如有个别错、漏字需要修改时，应使用规范的符号，字迹应清楚。

【条款解读】

为了防止工作票上填写与签发内容的字迹（如线路名称、编号、动词、时间、设备状态以及接地线、警示牌等）被随意修改和使用过程中字迹褪色，同时为了工作票归档保存，应使用水笔、钢笔或圆珠笔。

填写时，内容应正确，字迹应工整、清楚。如果工作票填写不清楚或任意涂改，在执行过程中可能由于识别或理解错误，导致安全措施不完善、工作任务不明确，危及人身、设备安全。

若一张工作票下设多个小组工作，并使用工作任务单时，工作班人员栏可只填写小组负责人姓名。

9. 违章现象：间断电气工作三个月以上，未进行安规考试直接参与工作。

【违反条款】

《电力安全工作规程（线路部分）》第 4.4.2 条：作业人员对本规程应每年考试一次。因故间断电气工作连续三个月以上者，应重新学习本规程，并经考试合格后，方能恢复工作。

【条款解读】

各类作业人员应每年参加一次本规程考试，不断巩固电力安全知识。

如果长期间断工作，且未经重新学习，直接参与工作，很有可能发生伤害事件。因此，本规程要求不论何种原因，连续间断电气工作三个月以上者，应当重新学习本规程，并经考试合格后，方能恢复工作。

10. 违章现象：城区作业，未装设遮拦（围栏），如图 8-19 所示。

图 8-19 城区作业未装设遮拦

【违反条款】

《电力安全工作规程（线路部分）》第 6.6.3 条：在城区、人口密集区地段或交通道口和通行道路上施工时，工作场所周围应装设遮栏（围栏），并在相应部位装设标示牌。必要时，派专人看管。

【条款解读】

线路作业装设围栏是防止非作业人员进入作业现场导致人身伤害。在装设围栏后不能有效阻止行人和车辆时应安排专人进行看管，防止其意外进入。

11．违章现象：线路杆号牌缺失。

【违反条款】

《电力安全工作规程（线路部分）》第 8.3.5.1 条：每基杆塔应设识别标记（色标、判别标识等）和线路名称、杆号。

【条款解读】

在每基杆塔底部对每回线路设置对应的识别标记（色标、判别标识等）和名称、杆号。同样，在每回线路每相的对应横担处设置对应线路的识别标记。但每回线路之间识别标记的颜色不得相同或相似，以便作业人员能明显区分。

12．违章现象：停电侧线路工作，传递物件未使用绝缘绳，如图 8-20 所示。

图 8-20　停电线路使用登山绳代替绝缘绳

【违反条款】

《电力安全工作规程（线路部分）》第 8.3.8 条：在停电线路一侧吊起或向下放落工具、材料等物体时，应使用绝缘无极绳圈传递，物件与带电导线的安全距离应符合规程表 4 的规定。

【条款解读】

在多回线路的部分线路停电检修工作时，传递工具、材料过程中，要控制好绝缘无极绳圈，确保物件与带电导线的安全距离符合本规程表 4 的规定，以免物件与带电导线引起放电。绝缘无极绳圈挂点的位置应适当。

13. 违章现象：停电线路杆塔上作业，未采取防静电感应措施，如图 8-21 所示。

图 8-21 停电线路杆塔上作业未穿全套屏蔽服或静电感应服

【违反条款】

《电力安全工作规程（线路部分）》第 8.4.1 条：在 330kV 及以上电压等级的线路杆塔上及变电站构架上作业，应采取防静电感应措施，例如穿戴相应电压等级的全套屏蔽服（包括帽、上衣、裤子、手套、鞋等，下同）或静电感应防护服和导电鞋等（220kV 线路杆塔上作业时宜穿导电鞋）。

【条款解读】

作业人员在330kV 及以上电压等级的带电线路杆塔上及变电站构架上时，人体即处在电场中。若人体对地绝缘（穿胶鞋等），则对带电体和接地体分别存在电容，由于静电感应引起人体带电，手触铁塔的瞬间会出现放电麻刺。电压越高，产生静电感应电压也越高。为确保作业人员的人身安全，应采取穿着全套屏蔽服或静电感应防护服和导电鞋等防感应电措施。导电鞋具有导电性能，可消除人体静电积聚，作业人员在220kV线路杆塔上作业时穿导电鞋，相当于人体与铁塔等电位，避免人体在接触铁塔时发生放电麻刺。作业人员在穿导电鞋时，不应同时穿绝缘的毛料厚袜及绝缘的鞋垫。水泥杆登杆前，还需要检查杆塔是否有明显的裂纹，当出现横向裂纹或明显纵向裂纹的杆塔，未经鉴定或采取补强措施不应攀登。

14．违章现象：杆塔上作业未使用工具袋，如图8-22所示。

图8-22　杆塔上作业未使用工具袋

【违反条款】

《电力安全工作规程（线路部分）》第9.2.5条：杆塔上作业应使用工具袋，较大的工具应固定在牢固的构件上，不准随便乱放。上下传递物件应用绳索拴牢传递，禁止上下抛掷。

在杆塔上作业，工作点下方应按坠落半径设围栏或其他保护措施。

杆塔上下无法避免垂直交叉作业时，应做好防落物伤人的措施，作业时要相互照应，密切配合。

【条款解读】

杆上作业使用工具袋，以防止作业过程中携带的工具坠落伤害地面人员；较大的工具无法放到工具袋中，固定在杆塔牢固的构件上，防止作业过程中意外坠落伤人；杆塔上传递物件使用绳索是防止上下抛掷物件时，由于杆塔上作业人员为接物件意外失去平衡，发生高处坠落或未接住的物件坠落伤人。

在杆塔上作业，工作点下方按坠落半径设围栏或采取其他保护措施，是为了防止人员误入落物区而被伤害。

线路检修工作需要杆塔上下作业人员相互配合，无法避免垂直交叉作业时，杆上作业人员应随时防止作业中所使用的工器具、材料坠落，杆下作业人员应避免处在杆上作业点的正下方。

15．违章现象：高处作业人员未按规定每年体检一次。

【违反条款】

《电力安全工作规程（线路部分）》第 10.2 条：凡参加高处作业的人员，应每年进行一次体检。

【条款解读】

参加高处作业的人员应身体健康。《特种作业人员安全技术培训考核管理规定》（安全监管总局令第 30 号）规定，直接从事特种作业的从业人员应经社区或者县级以上医疗机构体检健康合格，并无妨碍从事相应特种作业的器质性心脏病、癫痫病、美尼尔氏症、眩晕症、癔病、震颤麻痹症、精神病、痴呆症以及其他疾病和生理缺陷。每年进行一次体检的目的就是确保高处作业人员的作业安全。

16．违章现象：高温环境下长时间作业，导致中暑现象。

【违反条款】

《电力安全工作规程（线路部分）》第 10.16 条：低温或高温环境下进行高处作业，应采取保暖和防暑降温措施，作业时间不宜过长。

【条款解读】

根据 GB/T 14440—1993《低温作业分级》的定义，低温作业指在生产劳动过程中，其工作地点平均气温等于或低于 5℃的作业。

根据GB/T 4200—2008《高温作业分级》的定义，作业和工作场所高温作业（工业场所高温作业）指在生产劳动过程中，工作地点平均湿球黑球温度（WBGT）指数≥25℃的作业。WBGT指数是用来评价高温车间气象条件的。它综合考虑空气温度、风速、空气湿度和辐射热四个因素。WBGT是由黑球、自然湿球、干球三个部分温度构成的。高温天气指地市级以上气象主管部门所属气象台站向公众发布的日最高气温35℃以上的天气。

在冬季低温气候下进行露天高处作业，必要时应该在施工地区附近设有取暖的休息处所，取暖设备应有专人管理，注意防火；高温天气下进行露天高处作业时，应注意防暑降温，可采取灵活的作息时间，作业时间不宜过长。

17．违章现象：穿越下层低压带电导线工作，如图8-23所示。

图8-23　穿越下层低压带电导线工作

【违反条款】

《电力安全工作规程（线路部分）》第12.4.3条：高、低压同杆架设，在低压带电线路上工作时，应先检查与高压线的距离，采取防止误碰带电高压设备的措施。在下层低压带电导线未采取绝缘措施或未停电时，作业人员不准穿越。在带电的低压配电装置上工作时，应采取防止相间短路和单相接地的绝缘隔离措施。

【条款解读】

在高、低压同杆架设的低压带电线路上进行作业时，应检查低压作业处与高压线的安全距离；还应检查作业杆塔档内由于高、低压导线弛度不平衡，从而因安全距离不足而造成高、低压线路之间放电、短路。并应考虑作业过程中是否会发生高、低压碰线短路。如无法满足低压线路带电作业时，应根据现场实际情况采取高压线停电、对高压线进行绝缘隔离等措施，以免误碰高压线而发生人员触电及高低压短路。

作业人员如需穿越带电低压线进行工作时，作业前，应对低压带电导线采取绝缘隔离措施或将低压线路停电后，方可进行。

在带电的低压配电装置上工作时，为防止作业过程中发生相间短路和单相接地，对作业相的邻相以及人员作业过程中可能碰触的所有接地部位，均应采取绝缘隔板、绝缘护套等措施进行隔离。

18．违章现象：人口密集区带电作业未设专人监护，正确应如图 8-24 所示。

图 8-24　人口密集区带电作业应设专人监护

【违反条款】

《电力安全工作规程（线路部分）》第 13.2.6 条：在市区或人口

稠密的地区进行带电作业时，工作现场应设置围栏，派专人监护，禁止非工作人员入内。

【条款解读】

在市区或人口稠密的地区进行带电作业时，工作现场应设置围栏，派专人进行监护，以免非工作人员进入作业区域而影响正常工作，以及发生高空落物等意外而危及人身。

第三节　装置违章

1. 违章现象：高处作业未设置安全水平扶绳，如图 8-25 为铁塔横担设置的安全水平扶绳—防坠钢索。

图 8-25　铁塔横担防坠钢索

【违反条款】

《电力安全工作规程（线路部分）》第 10.14 条：当临时高处行走区域不能装设防护栏杆时，应设置 1050mm 高的安全水平扶绳，且每隔 2m 设一个固定支撑点。

【条款解读】

在杆塔上水平行走时应不失去安全保护，不能装设防护栏杆时，应在作业移动范围设置高度为 1050mm 水平扶绳，确保作业人员移动时的安全，每隔 2m 设一个支撑点，保证扶绳的稳定。

2．违章现象：安全带使用前未进行外观检查，正确操作如图8-26所示。

图 8-26　安全带使用前进行外观检查

【违反条款】

《电力安全工作规程（线路部分）》第10.7条：安全带和专作固定安全带的绳索在使用前应进行外观检查。安全带应按附录M定期检验，不合格的不准使用。

【条款解读】

现场使用的安全带应符合 GB 6095—2009《安全带》和 GB/T 6096—2009《安全带测试方法》的规定。安全带在使用前应进行检查，并应定期进行静荷重试验，试验后检查是否有变形、破裂等情况，并做好试验记录。不合格的安全带应做报废处理，不准再次使用。安全带使用前的外观检查主要包括：

（1）组件完整、无短缺、无伤残破损。

（2）绳索、编带无脆裂、断股或扭结。

（3）金属配件无裂纹、焊接无缺陷、无严重锈蚀。

（4）挂钩的钩舌咬口平整不错位，保险装置完整可靠。

（5）铆钉无明显偏位，表面平整等。

依据 GB 24543—2009《坠落防护安全绳》的规定，用作固定安全带的绳索使用前的外观检查主要包括：

（1）末端不应有散丝。

（2）绳体在构件上或使用过程中不应打结。

（3）所有零件顺滑，无尖角或锋利边缘等。

3. 违章现象：格栅式的平台上工作未采取隔离措施，如图 8-27 所示。

图 8-27　格栅式的平台上工作未采取隔离措施

【违反条款】

《电力安全工作规程（线路部分）》第 10.13 条：在进行高处作业时，除有关人员外，不准他人在工作地点的下面通行或逗留，工作地点下面应有围栏或装设其他保护装置，防止落物伤人。如在格栅式的平台上工作，为了防止工具和器材掉落，应采取有效隔离措施，如铺设木板等。

【条款解读】

为防止高空坠物伤害到高处作业地点下面的人员，在工作地点下面应设置围栏或其他保护装置，以阻止无关人员随意通行、逗留，并起到警示作用。格栅式平台因有缝隙，故要求采取有效隔离措施（如铺设木板、竹薄板等）防止坠物伤人。

4. 违章现象：高处作业区周围的孔洞未设置安全标志，正确如图 8-28 所示。

【违反条款】

《电力安全工作规程（线路部分）》第 10.15 条：高处作业区周围的孔洞、沟道等应设盖板、安全网或围栏并有固定其位置的措施。

同时，应设置安全标志，夜间还应设红灯示警。

图 8-28　高处作业区周围的孔洞设置安全标志

【条款解读】

高处作业区周围孔洞、沟道采取的一系列防护措施，主要为防止高空坠落。孔洞、沟道上还应设置安全标志，夜间设红灯，以警示无关人员不要靠近。

5．违章现象：邻近坑的脚手架坑边缘无防崩塌的措施，如图 8-29 所示。

图 8-29　邻近坑的脚手架坑边缘无防崩塌的措施

【违反条款】

《电力安全工作规程（线路部分）》第 10.21 条：脚手架的安装、

拆除和使用，应执行《国家电网公司电力安全工作规程［火（水）电厂（动力部分）］》中的有关规定及国家相关规程规定。

【条款解读】

脚手架要与邻近的架空线保持安全距离，地面四周应设围栏和警示标志。邻近坎、坑的脚手架应有防止坎、坑边缘崩塌的防护措施。

6. 违章现象：高空作业车移动时，作业平台上载有作业人员，如图 8-30 所示。

图 8-30　高空作业车移动时作业平台上载有作业人员

【违反条款】

《电力安全工作规程（线路部分）》第 10.22 条：利用高空作业车、带电作业车、叉车、高处作业平台等进行高处作业，高处作业平台应处于稳定状态，需要移动车辆时，作业平台上不准载人。

【条款解读】

作业平台不稳定，作业人员易失去平衡，发生高处坠落或无法保持安全距离。因此，高处作业平台应采取固定措施，且作业时要带好安全带。需要移动车辆时，作业平台上不得载人（自行式高空车除外，因自行式高空车操作系统在作业平台上。但需要移动车辆时，应将作业臂收回）。因为人在作业平台上移动时，重量较重，平衡性也差，稍有偏差、晃动，将会造成人员坠落，还有可能造成人员误碰触带电体。

7. 违章现象：绝缘斗中的作业人员未使用安全带作业，如图8-31所示。

图8-31　绝缘斗中的作业人员未使用安全带作业

【违反条款】

《电力安全工作规程（线路部分）》第13.7.3条：绝缘斗中的作业人员应正确使用安全带和绝缘工具。

【条款解读】

绝缘斗中作业人员的安全带应系在绝缘斗的牢固构件上，并正确使用检测合格的绝缘工具。

8. 违章现象：作业人员安全帽下颏带未系牢，如图8-32所示。

【违反条款】

《电力安全工作规程（线路部分）》第14.4.2.5条：安全帽使用前，应检查帽壳、帽衬、帽箍、顶衬、下颏带等附件完好无损。使用时，应将下颏带系好，防止工作中前倾后仰或其他原因造成滑落。

【条款解读】

正确佩戴安全帽的主要注意事项：

（1）佩戴安全帽前，要检查安全帽是否在试验合格期内，检查各部件齐全、完好后方可使用。

（2）佩戴安全帽，要将下颏带系牢，帽箍应调整适中，以防帽子滑落或被碰掉。

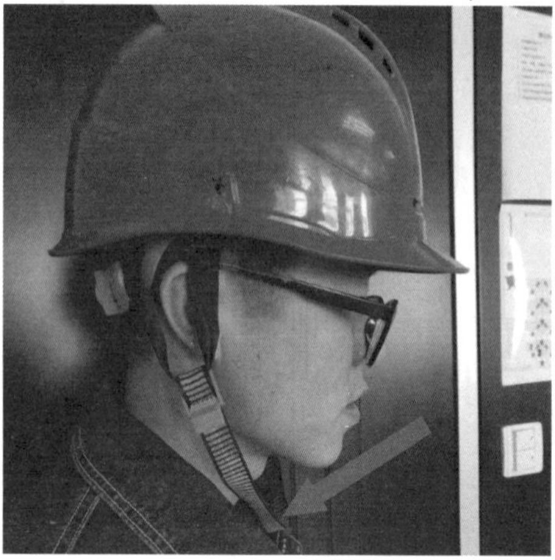

图 8-32　安全帽下颏带未系牢

（3）不能随意对安全帽进行拆卸或添加附件，以免影响其原有的防护性能。

（4）安全帽只要受过一次强力的撞击，就无法再次有效吸收外力，有时尽管外表看不到任何损伤，但是内部已经遭到损伤，不能继续使用。

9．违章现象：所使用的安全带腰带磨损严重，如图 8-33 所示为合格安全带。

图 8-33　合格安全带

【违反条款】

《电力安全工作规程（线路部分）》第 14.4.2.6 条：安全带：腰带和保险带、绳应有足够的机械强度，材质应有耐磨性，卡环（钩）应具有保险装置，操作应灵活。保险带、绳使用长度在 3m 以上的应加缓冲器。

【条款解读】

在高处作业中使用的安全带应为坠落悬挂安全带，使用后备保护绳时其悬挂点应在后背、后腰或胸前。

杆塔上移位或上下绝缘子工作时，应同时使用围杆带和后备保护绳等方式，防止失去安全带保护而高处坠落。后备保护绳长度超过 3m 时选用带有缓冲器的坠落悬挂安全带，以防止作业人员意外坠落时，自身的冲击力对人体造成的伤害。无缓冲器时，对接使用后备保护绳，当坠落高差超过 3m 时造成作业人员因受较大的冲击力而受伤害。有缓冲器时，对接使用后备保护绳，发生坠落时，两个及以上的缓冲器同时释放增加了坠落距离同样造成人身伤害。

后备保护绳与安全带分别挂在杆塔不同部位的牢固构件上的目的，是防止作业过程中固定安全带的悬挂构件出现异常，安全带和保护绳同时失去保护作用。

10．违章现象：使用变形脚扣登杆，如图 8-34 所示。

图 8-34　使用变形脚扣登杆

【违反条款】

《电力安全工作规程（线路部分）》第 14.4.2.7 条：脚扣和登高板：金属部分变形和绳（带）损伤者禁止使用。特殊天气使用脚扣和登高板应采取防滑措施。

【条款解读】

登杆前，检查登杆工具的目的是为了防止作业人员登杆过程中因工具缺陷而导致危险发生。检查内容包括：试验合格证、工器具受力部位、易磨损的部位磨损情况等，如升降板的绳、板、钩的磨损情况；脚扣的防滑橡皮的磨损情况，金属组件是否存在裂纹和损伤；安全带缝制线、铆钉、金属钩和各部分带体的磨损情况；梯子的防滑垫是否完好、梯档和支柱磨损情况、是否有损伤或裂纹等。

杆塔上安装的登高装置，如脚钉、爬梯和固定防坠装置等，在攀登之前和攀登过程中均应检查是否完好齐全。

携带作业工器具和材料攀登杆塔过程中，由于人体的重心作业人员与杆塔之间距离的改变，作业移位过程中失去平衡或与杆塔部件挂碰导致高坠。

传递工具材料的绳索在使用中可能会受到损伤，拉线长期暴露在野外环境中，由于锈（腐）蚀或人为破坏等原因而损伤不能承受作业人员重量；顺电杆、绳索或拉线滑下时，由于电杆和拉线表面与作业人员之间的摩擦产生热量，造成伤害或失手坠落，下滑接近地面时也容易被拉线金具挂碰或落地动作过猛受伤。因此禁止利用绳索、拉线上下杆塔或顺杆下滑。

杆塔积雪、覆冰或有其他情况导致攀登中打滑时，应改变攀登方式以增加登高工具与杆塔的摩擦力，如作业人员穿着具有防滑功能的软底鞋、使用双重保护措施、使用登高板攀登水泥杆等，攀登过程中不应进行除冰、清雪工作。

横担与杆塔主要通过螺栓、抱箍等方式连接，为防止长期运行中螺栓锈蚀和松动而导致意外，登横担前应进行检查，防止横担增加受力后断裂。瓷横担、腐蚀严重的木横担承载力下降，锈蚀严重的金属横担承载力无法确定，因此均不能攀登。使用穿芯螺栓、抱箍固定的横担螺栓长期运行容易出现锈蚀而影响其承载力，预埋式螺母固定的横担，在杆塔表面与横担空隙中的固定螺栓容易锈蚀而产生断裂的危险，检查横担时横担的稳固性尚待确认，因此安全带应系挂在主杆或牢固的构件上。

11．违章现象：作业现场安全工器具不合格，如图 8-35 所示。

图 8-35 作业现场安全工器具不合格

【违反条款】

《电力安全工作规程（线路部分）》第 4.2.3 条：现场使用的安全工器具应合格并符合有关要求。

【条款解读】

安全工器具属于生产条件范畴，安全工器具合格是现场作业安全的必备条件之一，它应符合国家、行业和国家电网公司的相关要求，其使用、保管、检查和试验要求参见《国家电网公司电力安全工器具管理规定》[国网（安监/4）289—2014]，具体试验要求参见此规程的附录 L、M，相关试验方法参照国家、行业有关标准和《电力安全工器具预防性试验规程（试行）》（国电发〔2002〕777 号）。